JN063563

若者を地域の仲間に！
秘訣をつかむハンドブック

筒井 一伸・小林 悠歩 編著

筑波書房

はじめに

★この「ハンドブック」の使い方★

◆最初から読み進める必要はありません。以下を参考に、気軽に好きなところからページをめくってみてください。

◎２章は、３章から６章で紹介する農山村ボランティア、地域に入るインターンシップ、学生の地域調査、地域に入る授業の受け入れの特徴を、レーダーチャートでわかるようにしたパートです。

◎３章から６章の各章の最後には編者２人による「早わかりポイント」を付けています。

◎７章はみなさんの地域が若者を受け入れる状況なのか自己診断をする「はじめの一歩」をまとめてみました。

◎8章と9章は場面集です。気になったら、そして困ったら辞書を引くようにページをめくってください。

◎１章、10章、11章では若者と農山村との関係がつくる活力について、基本的な考え方や経験者の生の声、そして「若者力」という見方を通して紹介をします。

◆農山村を訪れる若者たち

「大学生は／若者はなぜ農山村に向かうのか？」。21世紀に入ったあたりから、このことが話題になりはじめました。『現代農業』という雑誌で「若者はなぜ農村に向かうのか」というテーマの増刊号が組まれたのは2005年。その10年ほど前、私が大学生であったころは、農山村に大学生が向かうのは大学の授業か卒業研究の調査くらいと相場が決まっていました。

しかし、このころから授業や調査ではない農山村に向かう仕組みもできはじめていました。その元祖ともいうべき「緑のふるさと協力隊（NPO法人地球緑化センター）」は1994年にスタートをしていますし、1996年から試行され、2000年から本格実施に移行したのは旧国土庁の「若者の地方体験交流（通称、地域づくりインターン）」です。このような取り組みを皮切りに、若者が農山村へ向かう動きが活発になりました。これらの動きについては『どこにもない学校　緑のふるさと協力隊―農山村再生・若者白書2010―』（農文協、2010年）や『若者と地域をつくる―地域づくりインターンに学ぶ学生と農山村の協働―』（原書房、2010年）などにその様子がまとめられていますので、関心がある方はご覧ください。そして2011年には『農村で学ぶはじめの一歩―農村入門ガイドブック―』(昭和堂)が上梓されました。サブタイトルにある「農村入門」の通り、学生が農山村へ出向いていく際のノウハウがわかりやすくまとめられたこの本の登場は画期的なことでした。

◆若者を受け入れる農山村の戸惑い

この10年間ほどの間で私が所属するような地域学系の学部が増えたり、「域学連携」地域づくり活動や「地（知）の拠点整備事業（COC事業）」が実施されたりするなど、大学教育の地域志向は格段に進みました。それとともに、意図や思いとは別に学生を受け入れる農山村側の戸惑いを目の当たりにして、稀代のフィールドワーカーでもある民俗学者の宮本常一の「調査地被害―される側のさまざまな迷惑―」という論考のタイトルも脳裏をよぎりました。さきほど紹介をした書籍はいずれも農山村に入る側（つまり大学生や若者）に主として焦点をあてて世に出されていて、見回してみても若者（学生）を受け入れる農山村へ受け入れノウハウを伝えるような書籍はありません。

私自身は、普段は大学生に相当するような年齢の住民がほとんどいない農山村に学生が足を運ぶ意義は大きいと思っています。しかし「人と人とをつないでいた絆が、そこへよそ者が調査などという名のもとに入り込んで来ることによって、それが断ちきられてゆくのは大きな問題である」との宮本常一の警鐘もまた意識しなければなりません。この両者の塩梅をどうすればいいのか。幸い、折に触れて私も一緒に活動をしてきた本書の著者たちは「農山村と学生のよりよい関係」を築いてきた実践者たちであり、その頭の中には文字化されていないノウハウが詰まっていることに以前より気付いていました。それをいかして農山村と学生がよりよい関係づくりができるよう、農山村側のノウハウをまとめようと考え、本書を企画しました。

本書は、まず農山村におられる地域の方々に届けたいものではありますが、加えて行政や中間支援組織など農山村と若者との間をつなぐ方々にも読んでいただきたいと考えています。そして何よりも受け入れる農山村側がどれだけの工夫や気遣いをしているのかを知り、「調査地被害」を起こさないために、大学関係者にもぜひとも目を通していただきたい、そんな思いが本書には詰まっています。2020年、突如起こったコロナ禍。しかし農山村と若者との関係づくりは続きます。本ハンドブックを片手にハッピーな関係づくりにぜひともチャレンジしてください。それが我々執筆者一同の何よりもの喜びです。

筒井一伸

目　次

1章 外部人材のタイプと地域との関係

地域に関わる外部人材は実にさまざま存在します。何を目的に地域に関わるのか、滞在期間、どういった立場で関わるのかなど人それぞれ異なります。この章では、地域に関わる外部人材のタイプと地域との関係について説明したいと思います。

その前に、そもそも「農村に興味がある若者なんて本当にいるの？」、「都会からわざわざ農村に来て若者は何がしたいの？」と疑問を持っている方もいるかもしれません。図1をみてみてください。これは農業・農村の維持活動に対する意識について、内閣府が行った世論調査の結果です。積極的に、または機会があれば農村に行って、農作業や環境保全活動・お祭りなどの伝統文化の維持活動に協力したいと思っている20歳代は

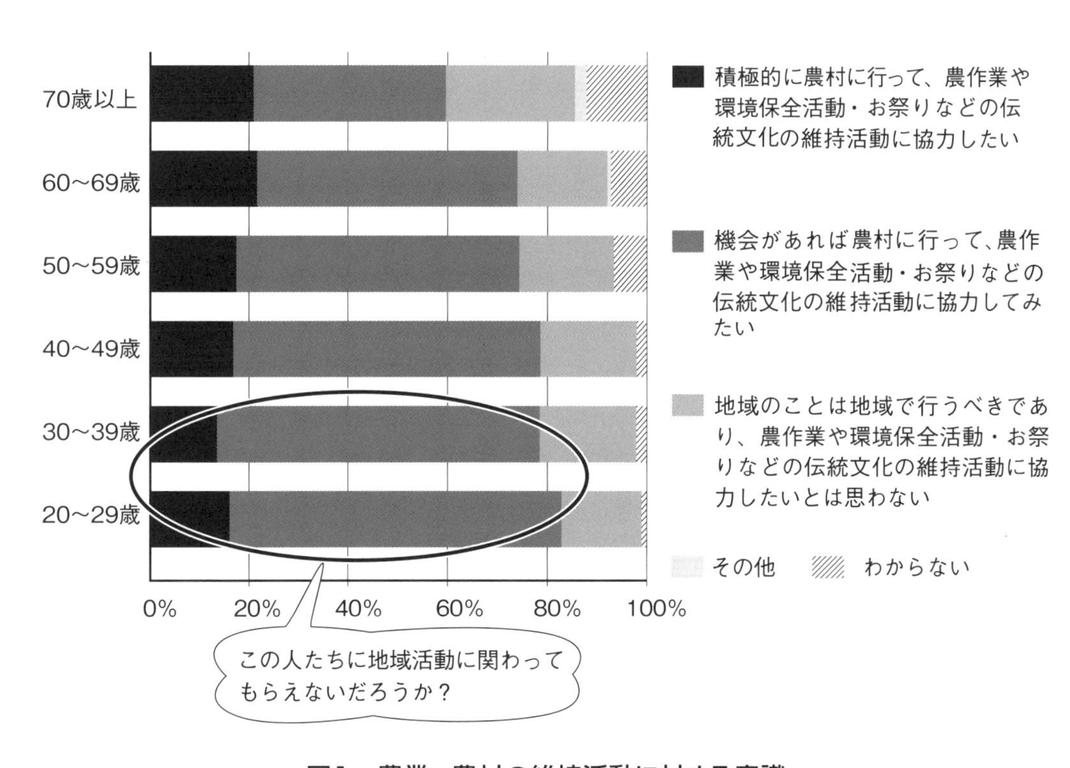

図1　農業・農村の維持活動に対する意識

注1）を参考に筆者作成

80％を超え、30歳代は80％弱存在します。この結果をみると、農業や農村の維持活動に関心がある若者は一定数いると考えられます。地域で人口減少、少子高齢化が進むなか、こういった人たち（図1に○で囲った層）にいかに地域に関わってもらうかが重要になってきます。

それでは、地域に関わる外部人材のタイプと地域との関係について図2を参考にみていきましょう。主に観光を目的として地域を訪れる「交流人口」、そしてその地域に移住して実際に住み続ける「定住人口」、この両者はこれまでにもよくいわれてきたタイプの人たちです。観光客、移住者とよくいわれ、なじみのある言葉だと思います。しかし、実は観光でもなく、移住でもない関わりをしている人たちってみなさんの地域にいませんか？街中に住んでいる自分の息子や娘、孫がお祭りのときは手伝いに来てくれる、週末は農作業の手伝いに来てくれる、以前大学の授業で来てくれた人が社会人になってもイベントがあれば手伝いに来てくれる、秋になると稲刈りの手伝いに来て新米を買ってくれる街中に住んでいる人など。そんな人たちはみんな地域に関わってくれている「関係人口」。その地域には住んでいないので、住民ではないけれど、実は関係人口は地域の大きな力になっているのではないでしょうか。そこに住んでいたって地域活動に消極的な住民はいるはず。でも、住んでいなくたってその地域に通って地域活動に積極的に貢献してくれている人たちだっているはず。住民の数が減り、少子高齢化も進んでいる状況で、昨今、行政は移住定住施策に力を入れ、いかに移住者の数を増やすかということに目が向けられがちですが、実はそういった住んでいなくても地域外から関わってくれる人たちの力を地域でいかしていくこともとても大切なことです。移住者のようには目立たず、なかなかとらえにくい関係人口の存在。この本ではそういった関係人口に着目していきます。

地域外に住んでいる自分の子どもや孫はその地域の出身者であったり、その地域に昔からなじみがあったり、ある程度知り合いもいるはずで、そういった人たちが地域活動に加わることはあまりハードルが高くないと思います。しかし、そういった人たちの人数には限界があったり、いずれはその人たちも高齢化していきます。そんななか、元々その地域には縁もゆかりもなかった人たちが地域に関わることも重要になってきており、また最近はそういった人たちも増えてきています。地域外に住んでいる子どもや孫が地域に関わるときよりも、縁もゆかりもなかった人たちが関わることについては少し地域で準備をしないといけないはずです。ここではそういった人たちが地域に関わることを前提に説明していきます。

関係人口の中にもさまざまなタイプの関わり方があります。以下は注3）の書籍を

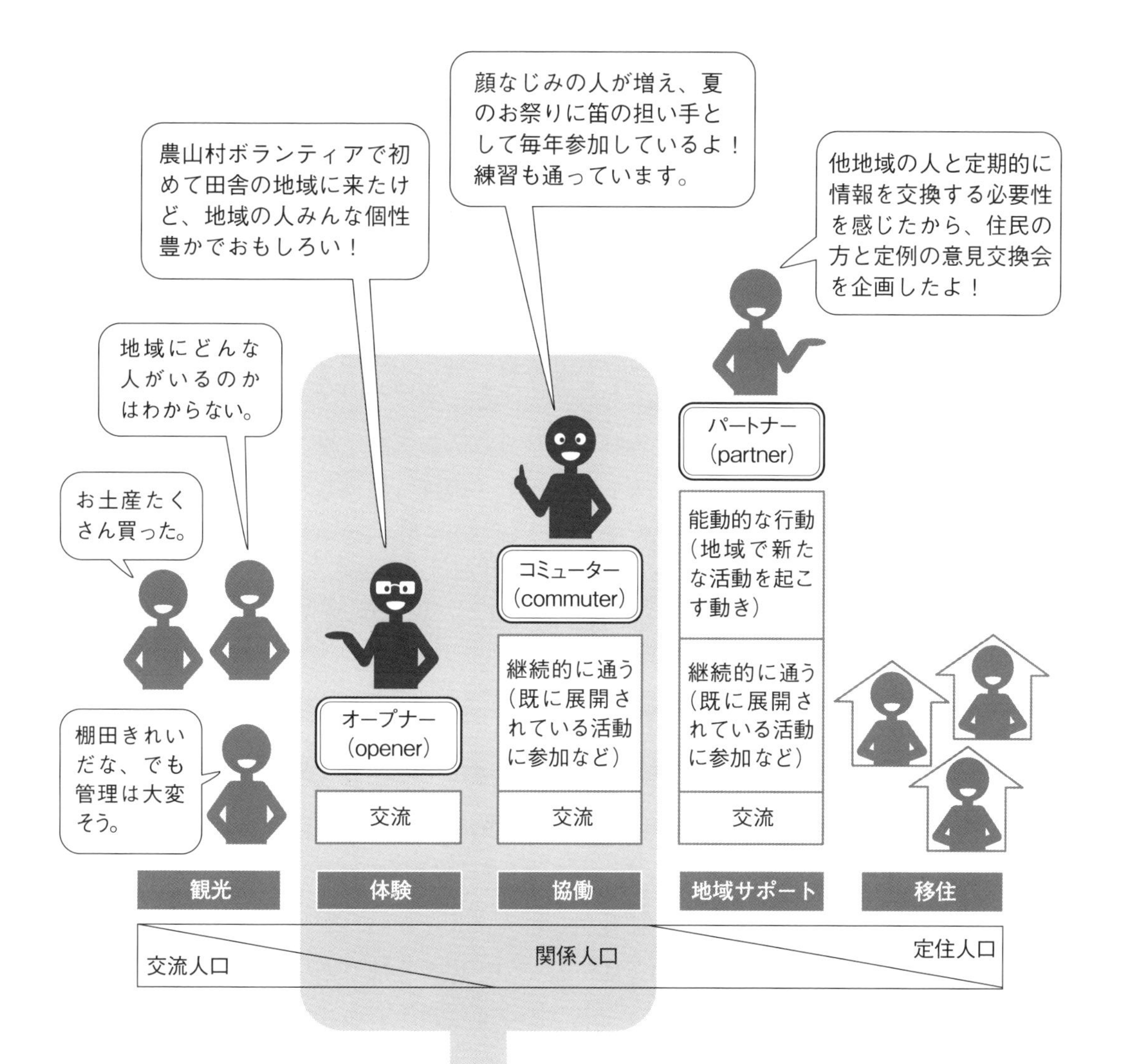

★本書で受け入れの対象となる外部人材★

図2　外部人材のタイプと地域との関係

注2）の図4を参考に筆者作成

参考に説明していきます。まず、交流人口に最も近い関係人口である「オープナー(opener)」。オープナーはその地域を訪れるなど想像もしていなかったけど、“何らかのきっかけ”でその地域を訪れ、住民との交流によって、地域の人たちの「あたりまえ」の感覚を揺るがし、文字通り、地域を外に向かって開く人です。オープナーが地域を訪れるための“何らかのきっかけ”が今回この本でご紹介する「農山村ボランティア」、「地域に入るインターンシップ」、「学生の地域調査」、「地域に入る授業」であったりするのです。それぞれの立場や目的を持って、地域に滞在し、さまざまな体験をしていきます。オープナーは一時的な滞在で終わってしまいますが、住民との交流によって新鮮な意見や考えを地域に持ち込み、外の風を入れてくれる重要な役割を果たしてくれます。オープナーとして一時的に地域に関わる人もいれば、その後も継続して地域に関わり続ける人も出てきます。そういった継続して関わる人は「コミューター(commuter)」として位置づけられます。

コミューターは最初オープナーとして地域と接点を持ち、その後も地域に通う人を意味します。オープナーとして地域を訪れた際に出会った住民に再び会いに行ったり、地域のお祭りなど行事やイベントに参加してお手伝いをしたり、その目的はさまざまです。また、地域を訪れる頻度も人によってさまざまです。地域に通うことによって、より多くの住民とお互い顔や名前を覚え、地域との関係がより深まっていきます。コミューターは集落の維持活動の担い手としての役割や、継続的に新鮮な意見や考えを持ち込む役割などを果たしてくれるでしょう。しかし、コミューターを受け入れるのは、少し難しい部分もあるかもしれません。例えば、遠くの地域から通うというのは交通費や時間などもかかり、簡単には行けません。オープナーを受け入れる際に、どうしたら「またこの地域に来たい」と思ってもらえるか、コミューターとして再訪してくれたり、通ってもらえる環境をいかにつくれるかも頭に置いておくといいかもしれません。それぞれのオープナーの特技や強みを地域のみなさんが知り、また次に何か役割を担ってもらう、活躍してもらえる場や機会をつくるなど「自分がその地域に必要とされている」と思ってもらえる工夫をするのも大切なことです。

「パートナー(partner)」は、オープナー、コミューターを経て、住民との関係が十分に築かれ、地域課題の問題意識を高め、自ら新たな地域活動の仕掛けを行っていく人です。毎月他地域の人との情報交換会を住民と一緒に企画する、耕作放棄地を利用して住民有志とそばの栽培をはじめるなど、地域で新しい動きや取り組みを住民と行っていきます。

このように、関係人口の中でも、オープナー、コミューター、パートナーとそれぞれ地域の中で役割が異なります。ここで注意しておいてほしいのは、オープナーは必ずコミューターになり、いずれパートナーとなるということにこだわるのではなく、「オープナーと交流をしてさまざまな話をした」、「コミューターが夏のお祭りに担い手として毎年参加してくれている」、「パートナーと特産品の開発をしている」といったように、それぞれの立場の人が地域に関わっているということが重要なのです。また、「オープナーを増やさないといけない」、「コミューターだけがいい」という考え方ではなく、役割の異なるそれぞれの外部人材を地域でうまくいかしていくことを考えていきましょう。ただ地域に関わる人の数を増やせばいいという話ではなく、どういった関係を築けるかが重要です。この本では主に「農山村ボランティア」、「地域に入るインターンシップ」、「学生の地域調査」、「地域に入る授業」をきっかけとしたオープナーの受け入れやそれに続くコミューターとの関わりについて取り上げていきます。

地域に入ってくる人はさまざまで、入ってくる人と地域の人たちが必ずよい関係が築けるとは限りません。また、入る側、受け入れ側のどちらか一方が無理をしたり、がんばりすぎると関係が長続きしません。お互いのミスマッチや誤解を未然に防ぐためにも、この本に書かれているヒントを参考に受け入れを進めていってもらえたらと思います。単なる観光客ではなく、それよりさらに踏み込んで地域と関わる人をどのように受け入れ、地域の力にするのか、地域の規模や特徴、環境などを踏まえてみなさんで話し合いながら実現していきましょう。

（小林悠歩）

注

1）内閣府世論調査『農山漁村に関する世論調査（2014年6月実施）』http://survey.gov-online.go.jp/h26/h26-nousan/2-1.html（2019年11月30日閲覧）
2）筒井一伸（2019）：都市との交流・協働による農村の地域づくり．中塚雅也編：『農業・農村の資源とマネジメント』神戸大学出版会．
3）稲垣文彦ほか（2014）：『震災復興が語る農山村再生―地域づくりの本質―』コモンズ．

受け入れ方はいろいろ

― それぞれの特徴をみてみよう ―

地域での若者の受け入れ方はさまざまです。ここでは、「農山村ボランティア」、「地域に入るインターンシップ」、「学生の地域調査」、「地域に入る授業」の4つの形式の特徴を、本書の執筆者の経験をもとに作成したレーダーチャートを使ってご紹介します。

レーダーチャートの見方

関わりあい　地域へやって来る若者と住民との関わりの多少を示しています。

地域主導　活動の始動や内容について、地域側の意思にもとづいて行われるものなのか、その度合いを示しています。

準備の手間　若者が地域へやって来る前の地域側の準備にかかる時間や労力の多少を示しています。

滞在中のお世話　地域のことや作業についての説明など若者が地域に滞在している間に地域側に求められるお世話の多少を示しています。

再訪の可能性　一度地域に滞在した若者がその後も地域に訪問するかどうかの可能性を示しています。

農山村ボランティア

農山村ボランティアは主に地域側の自発的な要請に対し、大学生などが地域を訪れ、農地維持などのお手伝いを行います。ご飯や作業の道具を準備したり、滞在中は作業について説明をしたりと、少しの手間はかかります。短時間の滞在になるので、関わりあいや再訪の可能性が限定的になる傾向があります。

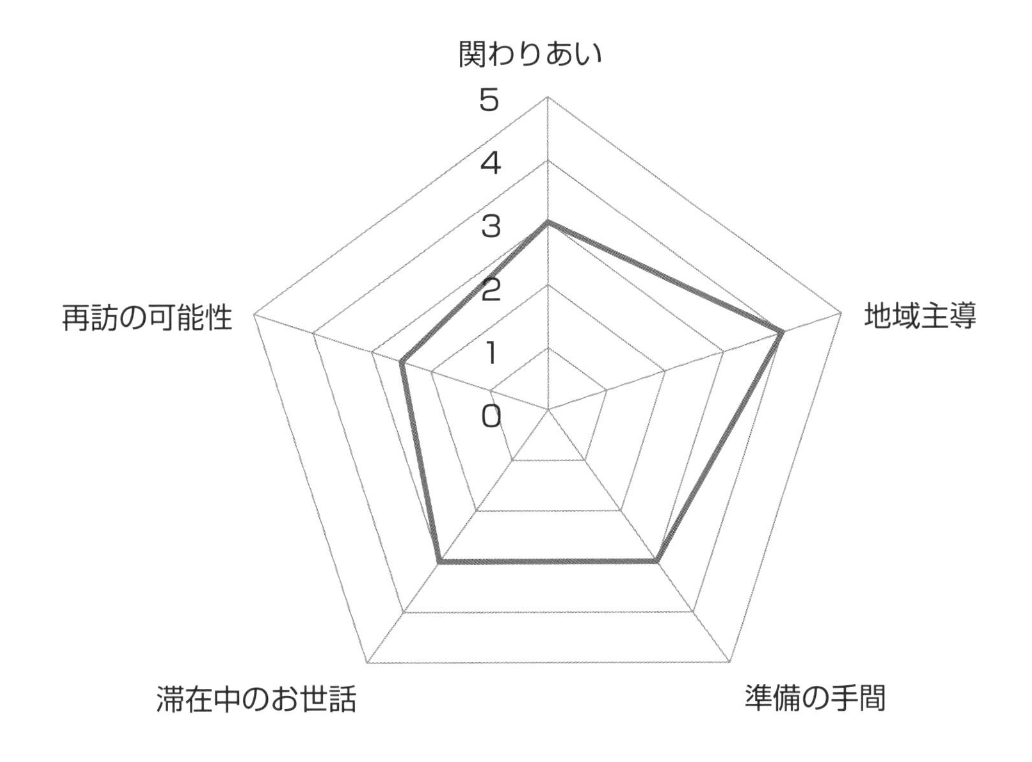

【受け入れ人数】３～５人程度
【滞在期間】半日～２日程度（主に土日）
【活動内容】水路清掃、鳥獣害対策の電気柵設置、草刈り、イベントのお手伝いなど

【☞詳しくは３章へ】

地域に入るインターンシップ

地域に入るインターンシップは、一定期間大学生などが地域に滞在しながら地域の中で何らかの活動やお手伝いなどを行うことを意味します。多くは地域側の意思にもとづいて行われ、活動テーマやスケジュールの決定、生活環境の整備など準備や滞在中のお世話は必要になってきます。手間や時間をかける分、関わりが深く、多くなり、再訪の可能性も高くなる傾向があります。

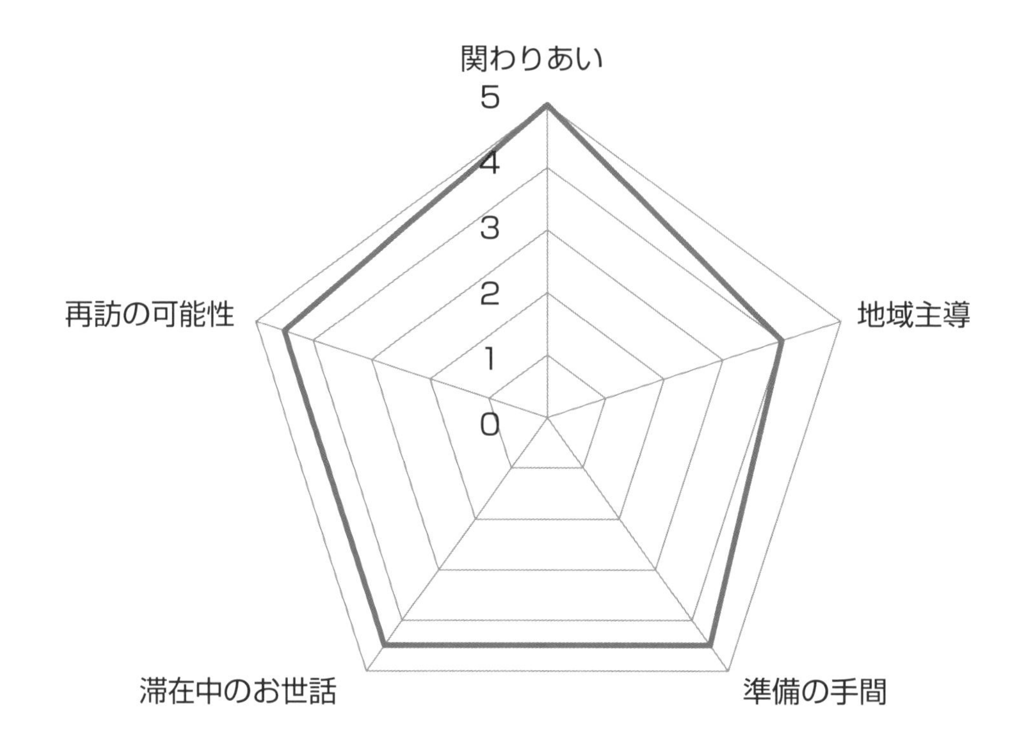

【受け入れ人数】１～５人程度
【滞在期間】数週間～１カ月程度（多くは夏休みなどの長期休暇中）
【活動内容】地域の魅力をまとめた冊子づくり、聞き取り調査、イベント・行事のお手伝い、農作業など

【☞詳しくは４章へ】

学生の地域調査

多くの大学で卒業のために課されている卒業研究。最近では、「地域」を研究テーマに入れ、実際に地域に入って調査を行う学生が増えてきています。教員が同行することはあまりなく、学生の意思や関心にもとづいて行われます。インタビューやアンケート、資料提供などに協力したり、場合によっては滞在拠点の相談をされることもあり、その準備やお世話は多少必要になってきます。調査を通して関わりあいも生まれ、学生はお世話になった地域の方々への恩返しとして再訪する可能性が高い傾向にあります。

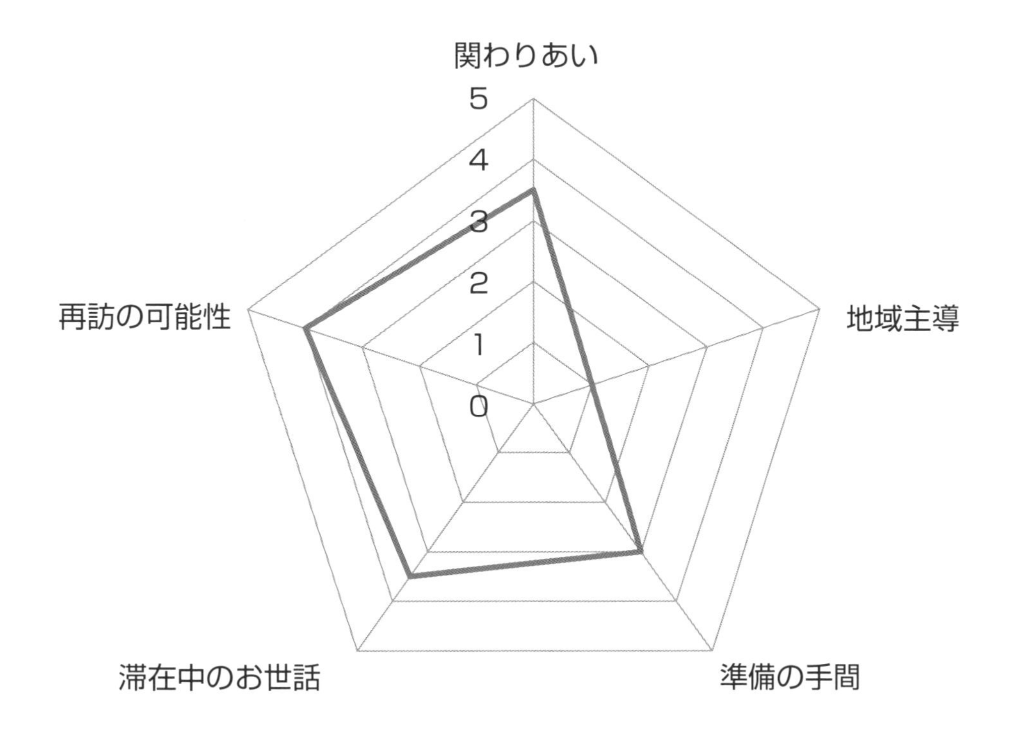

【受け入れ人数】多くは１人
【滞在期間】１日～１週間の滞在が何度か続く。1～２カ月と長期滞在の場合もある。
【活動内容】聞き取り調査、アンケート調査、資料収集など

【☞詳しくは５章へ】

地域に入る授業

近年では、大学が地域課題の解決に貢献するため、地域に入っての実践的な授業が展開されるようになってきました。授業の場合は教員が同行することが多く､授業時間や内容にもとづいて活動が決まる傾向があります｡一度にやって来る学生の数が比較的多く、さまざまな学生と出会える一方で、一人一人と深く関わることには限界があります。教員などとの打ち合わせを含む事前の準備や地域の案内をしたり、人を紹介したりと滞在中のお世話も多少必要になってきます。

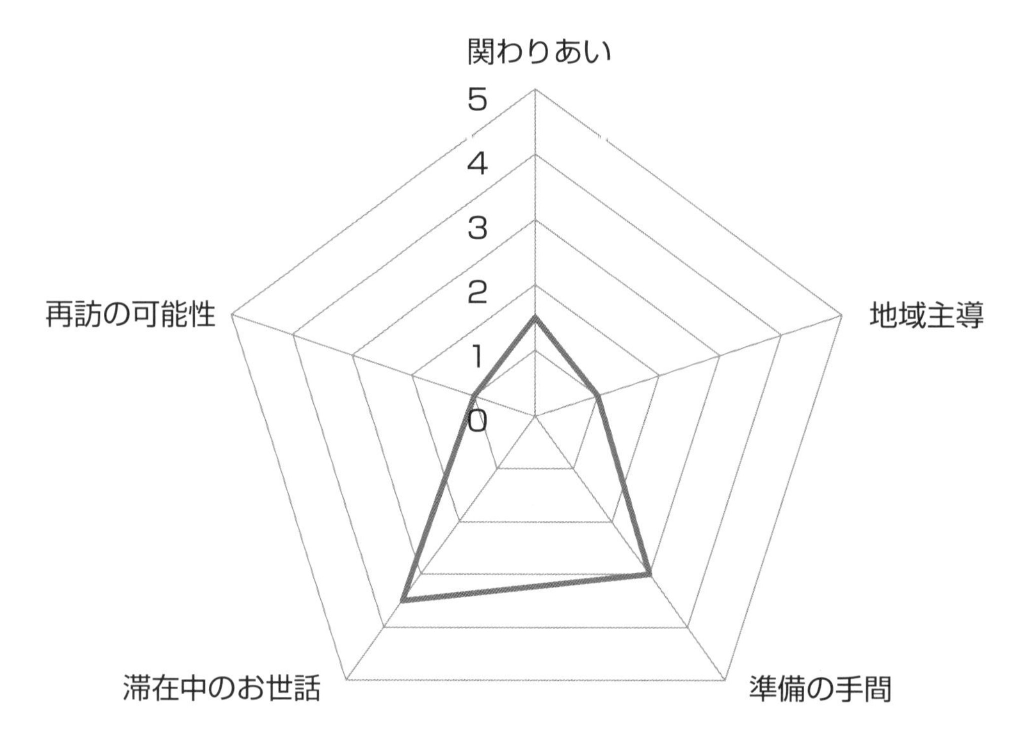

【受け入れ人数】5～30人程度
【滞在期間】数日の滞在が何度か続く。
【活動内容】地域の見学、聞き取り調査、資料収集、ワークショップ、地域への提案など

【☞詳しくは6章へ】

（小林悠歩）

農山村ボランティア
―“労働力”だけではない地域にとっての意義―

1. 農山村ボランティアとは何か

「ボランティア」という言葉は聞かない日がないくらい一般的になりました。特に毎年のように発生する水害などの自然災害では、その復旧・復興支援のための災害ボランティアセンターが開設され、ボランティアと被災者をマッチングします。このような有事の場合だけではなく、日常的に行われるボランティアもあり、農山村では農業や林業に関わるボランティア活動が盛んに行われています。朝日新聞の記事データベース「聞蔵IIビジュアル」で「農業ボランティア」を検索（2020年8月4日現在）すると68件の検索結果が示されます。国内を対象にした記事の古いところでは1996年8月23日の記事、「森林ボランティア」では567件もの記事が示され、1992年1月29日の記事が最も古いものになります。こうみると農業や林業といった分野でも四半世紀以上のボランティアの歴史があることがわかります。ボランティアという言葉は明治時代から使われているといわれますが、ある種の文化として定着する契機となったのは1995年の阪神・淡路大震災でした。そのため、1995年を「ボランティア元年」と呼ぶようになったのですが、農山村では農業や林業（森林）をキーワードにその前後から展開されてきたことがわかります。

ところでボランティアの本質は自発性であるといわれますが、ボランティアの自己犠牲のもとに人を助ける「一方通行の支援」との誤解もあります。北海道の雪かきボランティアの例によると継続的なボランティア活動のためには、「活動を通じて得られた気持ちの充足感」や「人や地域に貢献しようとする貢献感」といった心理的獲得感が、「関係の薄い他者との共同作業による徒労感」や「活動による身体的疲労感」といった支援コストよりも上回る工夫が必要です[注1)]。また地域の受援力と支援力のバランスは図1のように示されます。ボランティア受け入れにおいて「地域の受援力向上」が何よりも重要であり、「双方向性」がボランティア活動を意義あるものにするのです。しかし実際に受援力を向上させるといってもやることは山ほどあり、すべてを地域側で行うことは難しい場合もあります。災害ボランティアにおける社会福祉協議会などもそうですが、

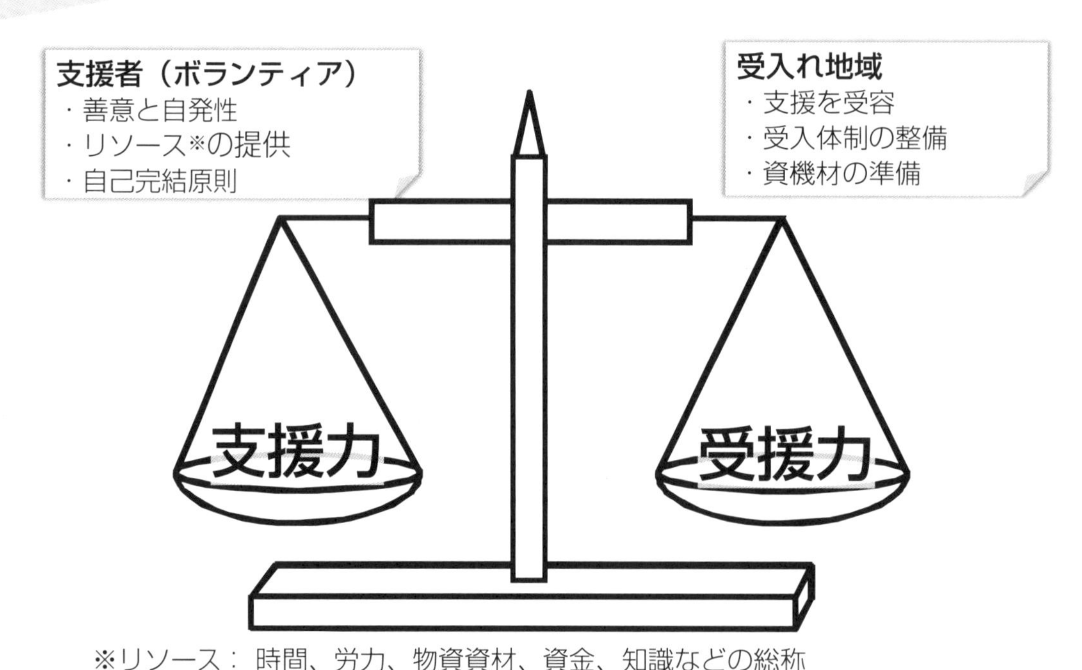

図１　ボランティア活動の受援力と支援力

注2)の 図Ⅲ -4を転載

コーディネート慣れした中間支援組織と役割分担をしながら進めることもあります。特に農業や林業といった具体的な活動内容がはっきりしている場合には例えば農業法人や森林組合といった受け皿となる組織が農山村側にもあるのですが、この章で紹介する農山村ボランティアでは、農作業にとどまらず地域イベントや環境整備など、活動が多岐にわたり農山村側に受け皿となる組織が明確に存在するとは限りません。ですので中間支援組織があると心強いでしょう。次節では農山村ボランティアを冠した活動における受け入れの実態を、地域と中間支援組織とのやりとりから紹介します。

（筒井一伸）

2. 農山村ボランティアの実際をみてみよう

(1) 鳥取県における農山村へのボランティア派遣

鳥取県では中山間地域の農業基盤を保全するため、「鳥取県中山間ふるさと農山村活性化基金」を造成し、この運用益を活用しながら多様な人々の参加による支援事業を行っています。その中の一つに“農山村ボランティア”があります。NPO 法人学生人材バンク（以下、人材バンク）は 2002 年に鳥取大学の学生活動としてスタートをしたのち、2008 年に法人化して現在の組織となりました。鳥取大学近くに「鳥取情報市場」という拠点を構え、鳥取県内の大学生に対して、ボランティアやアルバイト情報などを提供し、農山村を中心とする地域の集落活動に学生を送り込むという事業を展開しています。団体名に「学生」とありますが、代表理事はじめ専属スタッフが 6 名おり、学生の活動をバックアップしています。2020 年 4 月現在、ボランティアなどに年 1 回は参加するという学生は約 150 名。さらに、複数回よく地域に通う学生は約 80 名。学生ボランティアスタッフは約 60 名が携わっています。

2002 年に当時大学院 1 年生だった現代表理事（中川）が、「大学生と地域をつなぐことで、大学生の経験の場づくりと地域の担い手確保」を行うための組織を立ち上げました。そのときからの地域へのボランティア派遣のノウハウをいかし、2004 年より鳥取県の農山村ボランティアの事務局事業を受託しています。人材バンクが独自に自主事業としてボランティア派遣を行っていた際、派遣先は鳥取県東部地区の 4 地域でした。2004 年に鳥取県からの委託事業として実施することで派遣先は県全体の 13 地域に広がりました。そこから徐々に受け入れ地域は増加し、2019 年度には 41 地域へ。派遣回数も年間 95 回に達し、年間延べ 473 名の農山村ボランティアが派遣されました。鳥取県からの受託費は集落への交通手段（主にレンタカーとガソリン代金）、作業に必要な消耗品（長靴・軍手など）、記録に必要なデジタルカメラなどの購入及び、事務局人件費などに活用しています。

農村地域は、農地維持のためのボランティア派遣を人材バンクに対して依頼し、大学生を中心としたボランティアが派遣されます。集落にとっては短期的な農村基盤の維持に必要な担い手が確保でき、大学生を中心とする農山村ボランティアにとっては農村地域における実践的な体験の場、そして学びを深めて多様な価値観を得られる場となっています。

(2) 農山村ボランティアの概要

1) 作業時間と作業内容

ボランティアの作業時間は半日から一日の日帰りが多いです。なお大学生が住む鳥取市より遠方の鳥取県西部の集落に関しては、集合時間が朝早いため、前日入りして公民館（地域の集会所）などに宿泊して対応する場合もあります。

ボランティアの作業内容は、春先の水路清掃として農業用水路の土砂撤去（写真 1）、鳥獣害対策としてワイヤーメッシュや電気柵の設置（写真 2）、草刈り（写真 3）、交流イベント（写真 4）のお手伝いなどです。県事業における中心業務は農業基盤の維持作業のボランティアではありますが、集落側がボランティアに慣れてもらうために、イベントや祭りの補助などを行うときもあります。

写真 1　水路清掃ボランティアの様子
（鳥取県鳥取市国府町上地（わじ）集落）

写真 2　イノシシ柵設置ボランティアの様子
（鳥取県智頭町尾見集落）

写真 3　草刈りボランティアの様子
（鳥取県伯耆町福永集落）

写真 4　交流イベントボランティアの様子
（鳥取県鳥取市河原町西郷工芸祭り）

2）ボランティアの属性と大学生チーム

ボランティアのほとんどは地元大学生（鳥取大学、鳥取環境大学）で構成されています。中心となる大学生は「農村16きっぷプロジェクト」（写真5）という学生チームを構成し、毎週会議を行っています。そこでは派遣の分担だけでなく、地域と連携したイベント開催など学生たちの自主的な企画も行っています。大学生チームに対して、事務局は月1回のリーダーミーティングを行い、派遣に関するサポートやチーム運営の相談を受けています。また地域の状況共有も行います。

写真5　農村16きっぷのパンフレット（2009年度版）

3）派遣地域と派遣人数、派遣頻度、依頼が複数ある場合の対応

派遣地域に関しては、大学に近い鳥取県東部エリアが一番多く、次に鳥取県西部エリア、最後に鳥取県中部エリアとなっています。鳥取市より離れた西部エリアの派遣が多いのは、基礎自治体の職員が鳥獣害対策（イノシシ防護柵の設置補助事業など）と連動して活用している結果です。派遣人数は3名から5名の車一台程度の規模が多いです。

年間の運営は毎年の派遣と単年度のみの派遣を組み合わせています。作業内容と派遣頻度を照らし合わせると、水路清掃や交流イベントなど定期的に必要な作業があり毎年依頼をする地域がある一方、鳥獣害対策のワイヤーメッシュ設置など、短期間に連続した派遣を行う場合もあります。また設置後の管理が集落内で可能な場合は、そのときだけの派遣となることもあります。

農繁期の場合、同じようなボランティアが複数地域から派遣依頼される場合があります。その場合は極力分散して派遣しますが、急な依頼や、車の確保などを理由に事務局が断わることもあります。

（3）ボランティアの募集から派遣調整まで

1）初めてのボランティア募集の場合

初めて集落がボランティアを募集したいと思った場合、まずは地域内の合意形成をしてもらいます。農山村ボランティアでは農業用水路やイノシシ防護柵などの農村基盤設備の維持管理を目的としており、事業の性質上、複数名で構成されたグループからの申込みを必須としています。最近では作業時の安全管理を行ううえでも複数名で受け入れ体制をつくるように地域には対応してもらっています。

集落の代表者が派遣依頼を事務局に行い、初めて依頼のあった集落については人材バンクの職員がヒアリングを行います。ヒアリング項目としては、「地域について」、「ボランティアの受け入れに至る経緯」、「希望する作業内容および日程」、「その他条件（昼食や夕食、道具の有無など）」についてです。ボランティア派遣が可能な場合、事務局は農山村ボランティアの募集に移ります。

2）ボランティア募集について

初めてボランティア募集をする地域には事務局からヒアリングを行いますが、過去にボランティアの受け入れをした地域に関しては、2回目以降は電話やメールなどで集落から事務局に連絡を入れてもらいます。おおむね派遣当日の1カ月前までに行うとスムーズに進みます。天候などを理由に時期がずれることはボランティア側もわかっているので、地域側は早めに大まかな時期を伝えましょう。また、作業は土日祝日や長期休暇などの大学が休みの日程で行うことをおすすめします。平日はボランティアが集まりにくいと考えてください。

3）募集時に事務局から地域へお願いしていること

事務局から地域へお願いすることは、「複数名の人（グループ）で依頼をすること」、「昼食・夕食などご飯を一緒に食べる機会をつくること」、「タダの労働力として扱わず、ボランティアと関係性をつくる努力をすること」の3点です。依頼内容によっては動力機械（草刈り機など）を使う場合もあり安全面を特に注意してもらうように助言します。

集落住民とボランティアが一緒にご飯を食べながらコミュニケーションを取ることで満足度が高まり、再び足を運ぶことにつながること、また地域側としても外部の若者に接することへのハードルが下がる効果があります。ここでは農山村ボランティア同士、住民同士で固まらないように、交互に座るなどし、交流の機会をつくるよう事務局はアドバイスをしています。お互い最初は緊張していますが、地域の人たちにとって農山村ボランティアは子どもや孫の世代だったりするので、すぐに打ち解けることが多いです**【☞ヒントは9章「交流会編」へ】**。

農山村ボランティアをタダの労働力と思うのではなく関係性を大事にしてほしいの

は、彼らが時間を捻出して参加していることを理解してもらいたいからです。最近の若者は忙しく、「大学生は遊んでばかり・暇を持て余す」ということは少ないです。彼らの限られた時間が地域で使われていることを認識して、名前を覚える、作業後はお礼をいう、など関係性を深める意識を持つと、ボランティアも地域へ継続して足を運ぶようになります。タダの労働力として使う雰囲気は若者にも伝わり、募集が難しくなっていきます。

4）ボランティアに事前に伝えるべきこと

ボランティアに事前に伝えるべきことを決めておきましょう。図２を参考に最低限の情報を届けられるようにします。農作業を認識しているボランティアもいれば、まったくイメージの無い人もいるので、服装（長袖・長ズボン指定）など細かく確認したほうがよいです。ここを指示しておかないと夏の暑い時期に半袖・半ズボンで来る若者に出会うことになります。

（1）地域名（○○市○○集落）
（2）地域担当者名・連絡先（携帯電話・電子メール）
（3）作業内容
（4）日時（集合時間～解散時間）
（5）集合場所（住所・地図）
（6）食事の有無
（7）必要物品（軍手・道具など）・服装（長袖・長ズボン・汚れてもよいもの）・靴
（8）募集人数・申込み〆切
（9）当日の雨天時の判断基準と方法（少雨決行・台風中止・朝○時に電話確認など）

図２　農山村ボランティアの依頼をするときに最低限伝えてほしいこと

5）ボランティアの決定、派遣当日の連絡手段の共有

派遣人数は農山村ボランティア事務局が１週間前には確定します。派遣人数の傾向はどの地域もおおよそ３名から５名が中心で、多くても10名程度です。当日の連絡先はボランティアの代表者と共有しておいてください。特に天候による中止がありそうな場合は、中止の判断方法・伝達方法について事前に共有しておくと当日がスムーズです。鳥取県の場合は、農山村ボランティアが鳥取市在住で、片道100km以上離れている場所（例：日野郡日南町多里地区など）での開催の場合、出発地の天候だけでは判断でき

ないときがあります。ボランティアの居住地と派遣場所との距離が離れている場合は注意してください。

ボランティアへの１週間前など直前の依頼も可能ですが、ボランティアが別の予定を入れてしまうこともあり、対応する余裕がなく、事務局からお断りする場合もあります。依頼は早めにすることをおすすめします。

(4) 準備から派遣当日まで

1）準備物・保険・交通手段

一般的には農山村ボランティアは農作業できる道具は持っていません。そのため地域側で準備できるほうが募集はしやすくなります。鳥取県の場合、ワイヤーメッシュの設置など１回限りのボランティア派遣も一定数あるため事務局側が長靴や軍手などを用意します。スコップや草刈り機など大きい道具については、車に乗せて移動がしにくいので、現地で準備してあるとスムーズです。必要な道具については、ボランティアと事前調整しましょう。保険に関しては、ボランティア保険をかける場合と地域側がイベント保険などをかける場合があります。事前に確認し、保険のかけ漏れがない状態で受け入れをしましょう。作業内容にもよりますが、社会福祉協議会などにボランティア向けの保険について相談するとよいです。

交通手段についてですが、「最寄り駅まで来てもらう」、「自力で来てもらう」、「乗り合わせて来てもらう」の３パターンにわかれます。レンタカーを借り上げて、乗り合わせて移動してもらうこともあります。車で現地集合にしてもらうのが、一番効率がよいですが、最近は車を持つ学生の割合も減ってきているので、交通手段については一緒に考えられるとよいです。

2）作業内容とグループ分けについて

作業内容は、単純作業が向いています。やり方のイメージがある人もいればまったく知らない人の両方が混ざって派遣されてくるので、説明なども織り交ぜながら序盤は対応をしましょう。草刈り機など、使う技術が必要な作業の場合は、その作業の経験者かどうかを事前に確認しましょう。特に草刈り機の安全説明は大切です。また、ワイヤーメッシュの設置なども経験者は作業がわかりますが、わからないボランティアもいるので、地域の人とチーム編成し、困ったときにはアドバイスできる体制をつくります【☞**ヒントは９章「活動編③～作業のお手伝い～」へ**】。

また広い範囲で行われる水路清掃やワイヤーメッシュの設置など、参加者を複数のチームに分けるときがあります。その場合は、ボランティア側のリーダーと相談して班編成を行います。初心者から経験者までボランティアのリーダーが把握していますので、バランスのよい編成をしてくれると思います。男女の体力差など事前に考慮したほうがよい情報は与えましょう。夏場の給水（写真6）なども含め安全管理には十分に注意します。

写真6　暑いときの給水の様子
（鳥取県日野町上菅集落）

作業の休憩時間などあいた時間でよいので、ボランティア作業がどのような効果を生むのかを話しましょう。例えば、春先の水路清掃は雪やイノシシなどによって埋められた水路の土砂をとることで、その作業がないとお米がつくれないことや、ワイヤーメッシュを設置しなかった場合の鳥獣被害について話をするとボランティアたちが自らの作業の意味をより理解します。

3）食事について

ボランティアとの食事ですが、地域の人たちだけで共同作業をする際に普段から食べるようなメニューで問題ありません。おにぎりとみそ汁などでも大丈夫ですし、カレーをボランティアと一緒につくるところもあったりします。てんぷらを揚げて食べていたり、各家の漬物を持ち寄ったりすることもあります。材料や作り方についても、ボランティアとのコミュニケーションのキッカケになります。ボランティアのリアクションを楽しみにしてください。

作業が一日になる場合は、お弁当を持参するように頼んでください。集落から作業現場が遠いときには「昼食・飲み物」をボランティアに持参してもらい、夜に懇親会を行う形式の地域もあります。「メニューとしてイノシシ肉を出したときに若い子が食べられるかなと気になりましたが、焼き肉や鍋などを喜んで食べていました」といった受け入れ側の声にあるように、普段、食べないような食事がボランティア側の楽しみにつながるので、気にせず出してみてください。

作業後の懇親会（慰労会・食事会）などで、若者とのコミュニケーションを円滑にするために、

(A) 同じ属性の人をばらしましょう：農山村ボランティアだけのグループ、地域の人だけのグループにならないように配席を工夫します（写真7)。ボランティア側がばらけるか、地域側がばらけるか、ボランティア側のまとめ役と相談しましょう。コミュニケーションをとるキッカケがあることが、若者たちの地域への印象も変えるので大事です。

写真7　学生と地域の方が交互に座る様子
（鳥取県日野町別所集落）

(B) 若者の様子を気にかけましょう：懇親会のコミュニケーション（おそらくお酒が入る場合もあると思います）に慣れていない若者が多い可能性があります。地域では普通であることでも、若者にはセクハラ・アルハラ・お説教とうつってしまう場合もあるので、雰囲気を苦手としている若者がいないか、目を配る人を配置しましょう。初めての受け入れほど、特に気をつけたほうがよいです。

4）日にちをまたぐ作業の場合（宿泊所と風呂・朝晩の食事について）

作業が土日両方にかかり、宿泊が必要な場合があります。ボランティアの中には、お金に余裕がない大学生もいるので、公民館など地域の共同施設などに寝てもらうのがよいです。入浴と朝晩の食事についてどうするかも事前に話しましょう。

お風呂を地域内で借りるのか、温浴施設で入るのか。食事は自炊なのか、一緒に食べるのか。すべてもてなす必要はないですが、選択肢は一緒に考えましょう。土地勘もないので、店や施設も案内するとよいです。鳥取県西部の日南町多里地区に派遣されたボランティアは、宿泊は公民館、食事は地域の人と一緒に、風呂に関しては近隣の温浴施設で入るという対応をしていました**【☞ヒントは9章「宿泊・生活環境編」へ】**。

5）終了後の振り返り

地域にとって、ボランティアが来たことがどういう影響を与えていたかを確認しましょう。「楽しかった」、「元気が出た」などのポジティブな話もありますし、「準備が大変だった」、「作業を教えるのが手間だった」などネガティブな話も両方出ます。どちらの意見も次にいかせるように記録しておきましょう。継続することで、地域側としても若者に慣れていきます。次の受け入れのときに改善したり、ボランティアの中心人物と情報共有したりするとよいでしょう。可能であれば、ボランティア側の感想や評価、改善点なども確認しておきましょう**【☞ヒントは９章「人間関係編」へ】**。

(5) 農山村ボランティアを受け入れて

実際に農山村ボランティアを受け入れた地域の声はどんなものがあるのでしょうか。まず受け入れ地域へのアンケート調査の結果（『平成27年度農山村ボランティア受け入れ集落に対するアンケート』鳥取県農林水産部農地・水保全課、鳥取県内農山村ボランティア受入地区39地区中35地区が回答）からみてみましょう。農山村ボランティアを最初に知ったきっかけは「県や市町村などからの情報」が22地区と半数以上を占め、区長会などでの事業紹介がきっかけとなって受け入れた集落が多いようです。また地域おこし協力隊を経由して情報を得たという回答もありました。受け入れをしたきっかけ（複数回答）は「人手不足」が27地区と最も多い一方で、「集落外の人と交流」も19地区と多く、単に人手不足解消のためだけで農山村ボランティアを受け入れているわけではないことがわかります。受け入れの結果で集落にあった変化としては、「作業の人手不足解消（作業が予定通りできた・作業が楽になった）」が4地区にとどまるのに対して「集落に活気が出た」が18地区。農山村ボランティアの受け入れが単なる人手不足に対する労働力補填だけにとどまっていないことがこのアンケート結果からもわかります。

生の声からも、2004年から16年間にわたり農山村ボランティアの受け入れを継続している集落の方の「大学生が来ることで、数軒で管理している水路の維持がしやすくなった。十分な戦力になっている。(鳥取市国府町上地（わじ）集落)」という支援力へのプラス評価ばかりではなく、「はじめはどんなことになるかイメージがつかなかったが、若者が来ることで地域も楽しくなってきた、元気をもらっている。(鳥取県伯耆町福永集落／2012年から8年間受け入れ継続)」といった受け入れ側の活気づくり、そしてさらに「大学生を受け入れることで、地域側の横のつながりが強くなった。それまでは地域行事は男性が参加していて、私たち女性が一緒にやることは珍しかったので、横につながれたのは良かった。(鳥取県智頭町中島集落／2002年から14年間受け入れ)」といった声が聞かれ、地域のコミュニティのヴァージョンアップと受援力の向上にもつながっています。

私たち学生人材バンクは、(2)(3)(4)で紹介した点を意識しながら、集落と役割分担をしっかりして農山村ボランティアの若者を農山村で受け入れてもらっています。受け入れ集落には当日の作業の動きやサポートをしっかり行っていただく一方、連絡やボランティア募集およびボランティアへの最低限のレクチャーは私たちが担っています。このように仕組み化をしているので受け入れ地域側の負担は少なくなっています。ボランティアを受け入れる地域側が（2）（3）（4）で紹介した点をすべてやる必要はありませんし、それをやろうとしてもハードルがかなり高くなってしまいます。前節でも紹介しましたが、農山村ボランティアを含めボランティアの受け入れは、一般的には中間支援組織が差配をすることが多いからです。言い方を変えると中間支援組織の有無が農山村ボランティアの受け入れに大切な要素であるともいえるでしょう。

数年間の地域との関係性が続いたことにより鳥取県内には農山村ボランティアをキッカケとして移住した大学卒業生などが複数の地域でうまれています。空き家の確保など、そのほかの環境も必要ではありながら、その土地に暮らす、その土地で生きるというイメージをつかむ第一歩として農山村ボランティアはあるので、よい関係をつくっていってほしいと願っています。

（中川玄洋）

早わかりポイント

○ボランティアは半日から一日の日帰りが多く、交流できる時間は限られます。そのためご飯を一緒に食べるなど交流機会をつくるとよいでしょう。

○地域にとってボランティアが来たことの感想を出し合いましょう。ポジティブな話もありますしネガティブな話もありますが、両方ともできる限り記録をして次の受け入れ前に見直しましょう。

○ボランティアはタダの労働力ではありません。ボランティアとの関係づくりが大切ですが、その際に「充足感」や「貢献感」が得られる工夫を少しだけするとよいでしょう。

注

1）小西信義（2018）：エンパワーメント（内的獲得感）．上村靖司、筒井一伸ほか編著：『雪かきで地域が育つ―防災からまちづくりへ―』コモンズ．

2）上村靖司（2018）：地域の受援力．上村靖司、筒井一伸ほか編著：『雪かきで地域が育つ―防災からまちづくりへ―』コモンズ．

地域に入るインターンシップ
—“体験”を提供して地域の雰囲気を変える—

1. 地域に入るインターンシップとは何か

(1) 地域に入るインターンシップとは

インターンシップは、もともと学生が就職する前に企業で数日から１週間程度の仕事を体験して、就職のミスマッチを無くしたりすることを目的に実施されているものです。いわば学生のうちに実施する“就業体験”になります。それに対して「地域に入るインターンシップ」とはどういうことなのでしょうか。実はちゃんとした定義はありませんが、ここではおおむね数週間から１カ月程度の期間、外部の人材が地域で暮らしながら、地域の中で何らかの活動や仕事に関わることを地域に入るインターンシップと位置づけたいと思います。就業体験ではなく、“就村体験”ということになります。

このような地域に入るインターンシップは、近年大学生を中心とした外部人材を受け入れる取り組みとして各地でみられるようになりました。実際にこのようなかたちで若者を受け入れた地域では、「地域が前向きになった」、「雰囲気が変わった」などの評価が聞かれます。一方で、「学生を受け入れたけど、なんか地域のためになったのか」、「大学生から色々な地域活動の提案をしてもらったけど、全然実効性がない」、というような受け入れ地域からの声も聞かれることが少なくありません。また参加した学生からは、「自分たちの活動は、地域にとって意味あるものになっているのか？」などの話が聞かれるなど、必ずしも学生にとっても受け入れた地域にとっても意味のある活動になっていない例もみられます。

では、どのようにすれば地域と外部から来た若者がお互いにとってメリットがある受け入れ・活動ができるのでしょうか？ 地域に入るインターンシップは、大きく二種類に分類されます。一つは、「体験型プログラム」。数週間から１カ月程度、実際に農村で暮らして田舎暮らし体験をしてみよう！というもので、期間中は、農作業をはじめ地場産業などの仕事、集落の行事・イベントのお手伝いなど地域の暮らしを体験するものです。二つ目は、「地域づくり型プログラム」。訪れた地域で学生が地域の人たちと協力して、一緒になって地域活性化などに向けた取り組みを行うものです。地域に暮らす人たちへの聞き取り調査、地域の具体的な課題に対しての提案、地域の魅力をまとめた冊子づくりなど、取り組みの内容はさまざまです。地域づくり型プログラムの特徴としては下に示す通りですが、特に期間終了時の具体的なゴールがあらかじめ設定されていることが重要です。そのため、地域づくり型プログラムの場合、何のために（何を目指して）、学生がどのような活動をしなければならないのかが明確で、参加する学生にとっては、参加の意義や達成感を得やすく、また受け入れる地域にとっても、今後の地域づくり活動に役立つ成果物ができます。

地域づくり型プログラムのインターンシップの特徴

○単なる労働力の提供・受け入れではないこと。

○目的・インターンシップ終了後の到達目標があらかじめ明確になっていること。

○インターンシップ期間中にゴールに到達する道筋が定められていること。

(2) 地域に入るインターンシップの成果と地域の変化

地域づくり型プログラムを実施する場合、インターンシップ終了時の具体的なゴールをあらかじめ設定します。そのため、まずインターンシップの成果としては、「○○調査ができた」、「○○を解決するための提案ができた」、「○○のための冊子ができた」など、今後の地域づくりに役立つ成果物が得られます《直接的効果》。

しかし実は地域づくり型プログラムで重要なのは、このような直接的効果だけではなく、さまざまな副産物があるということです。学生が地域の人たちを巻き込みながら活動することで、「地域の人たちの意識が少し前向きになった」、「雰囲気が明るくなった」、「地域内の結びつきが強くなった」など、地域内の変化が生まれます《副次的効果》。このような地域の前向きな変化こそが、地域に入るインターンシップの最大の価値といえるでしょう。

地域づくり型プログラムを受け入れた地域住民の声

直接的効果

○空き家調査ができました。

○地域のことを紹介する小冊子ができました。

○地域の Facebook が立ち上がって、住民の人たちが運営する仕組みができました。

副次的効果

○地域のお年寄りが、普段話さないようなことを大学生たちに話している姿を見て、「こういうの良いなぁ」って思いました。

○大学生が地域のおばあさんたちの人生を冊子にまとめてくれたんです。その後おばあさんたちから「集落のために何か手伝えることがあったら言ってくれ」って。今までこんなこと言われたことなかったですよ。

○学生がいることで、集落の若い人たちが集まりに出やすくなったと思います。こういった世代を超えて集まれる場をこれからも継続してつくっていきたいですね。

○大学生が地域に来てくれたことで、地域の人たち同士の会話が増えました。

○大学生がいたことで、飲み会とかにお母さんたちがあれだけ出てきて、あんなにしゃべることは今までになかったですよ。

○今まで「やらなきゃ」と思っててもなかなか腰が重くて取り掛かれなかったことが、学生たちが私たちの背中を後押ししてくれました。

○地域づくりってなんだろう！？地域活性化ってなんだろう！？っていうことを考えるようになりました。

○大学生の報告会で、色んな世代の人が 60 人集まったんです。今まで地域の話し合いをしても 60 歳代以上の人たちがせいぜい 10 人くらいしか集まらない。こういった場がつくれたことが嬉しかったです。

○インターンをやったことで地域が盛り上がって、地域おこし協力隊を導入することになりました。おかげで今地域おこし協力隊と楽しくやれてます。

ここからは、地域に入るインターンシップ＝地域づくり型プログラムとして、インターンシップの説明をしていきたいと思います。

(3) 地域に入るインターンシップを受け入れるうえでの考え方

では、地域に入るインターンシップを実施すれば、必ず地域の中に前向きな変化が生まれるかといわれると、決してそうではありません。闇雲にインターンシップをやればよいという訳ではありません。ここからは、インターンシップを実施するうえでおさえておきたい考え方を整理していきます。

1) 地域に入るインターンシップの考え方とテーマ

よくある例として、インターンシップを実施する際、「学生に地域の課題をみつけてもらって、それを解決するための提案をしてもらいたい」、「若者らしい斬新な発想やアイディアをもらいたい」といったプログラムがあります。しかし、このような内容で上手くいくことはそうそうありません。なぜなら、学生は地域の課題を解決する人ではないからです。地域にちょっと滞在しただけで、斬新なアイディアは生まれないですし、そもそも地域が活性化しないのは本当に“よいアイディアが無い”からなのでしょうか？

例えば、地域外に暮らす出身者に向けて、地域の今の情報を発信するための仕組みをつくりたくて、それをインターンシップで取り組む、あるいは地域に暮らすお年寄りがどんなことを大切にして暮らしているのか自分たちでは今更ながらに聞けないので、インターンシップを通して学生から聞き出してもらう。

つまり、地域側が「こういうことをやりたい」、「こうやったら地域が元気になるんじゃないか」という考え（仮説）をちゃんと持っている必要があり、「こういう課題があるから何か考えて」はＮＧです。もし仮に学生からすばらしい提案が出たとしても、それが実現する可能性は限りなく低いでしょう。なぜならそこに地域側の主体性がみられないからです。

元々学生が来ようが来まいが、地域としてやらなければならない、あるいはやったほうがよい活動のなかにインターンシップを位置づけるということが、地域に入るインターンシップの大前提となる考え方です。そして、地域の中で実際に行動する人あるいはグループが存在するテーマであることも大切な要素です。学生だけで活動しても地域の中に変化は生まれません。「学生がいる間は活動が進むけど、学生がいなくなると続かない」という話をよく耳にします。あくまでも地域の人たちと学生が“一緒に”取り組む、あるいは学生の活動に“巻き込まれる”ことが大事なのです。

また、テーマを考えるうえでは、インターンシップ期間中に学生がどこまでやれるのかを見定める必要があります。あまり学生に成果を求めすぎると、学生は結果を出すことに一生懸命になってしまうので、地域の人たちとの関わりが薄くなりがちになります。現実的なスケジュールの中で、頑張って背伸びをすれば届きそうなところにゴールを設定するのが最もよいでしょう。

2）関係者の目線合わせと受け入れ体制

インターンシップに参加する学生は、本当に一生懸命活動します。しかし、インターンシップの目的や終了時点でのゴールが学生自身の中で腑に落ちていないと、学生の力は発揮されないですし、学生もやる気が生まれにくくなってしまいます。

インターンシップを受け入れる際、「なぜこのインターンシップをやるのか？」という目的、インターンシップ終了後の到達目標（ゴール）が明確であることはもちろん、地域の主だった人たちの間で、目的やゴールをちゃんと共有しておく必要があります。人によって言っていることがバラバラだと学生は必ず迷走します。インターンシップの初期段階で地域の関係者と学生が話し合いの場を持ち、目的やゴールを関係する人たちの間で“腑に落とす”（みんなが同じゴールをみる）ことが不可欠です。

ただ、何も地域の全員がインターンシップの目的やゴールを説明できるようにしなければならないという訳ではありません（そもそもそんなことは不可能です）。インターンシップの趣旨などをちゃんと理解して、学生をサポートしてくれる世話人は数名いれば十分です。あとは地域のみなさんが関われる範囲で関わっていただく、あるいは学生を見かけたら「ちゃんとご飯食べてる？」といった声掛けをしていただくだけでも十分です。受け入れにあたっては、数名の学生に対して、たくさんの地域の人たちが“構ってくれる”体制づくりが重要です。決してお客さんを“おもてなし”するのではなく、“期間限定で住民が増えた”くらいの心構えで接していただくのがよいでしょう。

3）結果よりも大事な“プロセス”

インターンシップの目的や目指すべきゴールが定まれば、次にそのゴールに到達するための道筋（プロセス）を描きます。実はインターンシップを実施するうえでもっとも大切なのが、このプロセスをどう描くかということなんです。なかでもとても重要なのが、学生が多くの人たちと知り合って、会話ができるかということです。そしてそのような機会を、インターンシップの初期段階（例えば1カ月間のインターンシップであれば最初の1週目）にどれだけたくさんつくれるかが、インターンシップの成否の大きな要素になります。

では、具体的にどのようにしたら地域の人たちと学生との関わりが自然に持てるようになるのでしょうか？例えば、地域で夏祭りなどの行事ごとがあれば、その数日前からインターンシップをスタートするとよいでしょう。準備のお手伝いや本番当日、さらに打ち上げと自然なかたちで学生と地域の人たちとの距離が縮まります。

インターンシップの早い段階で学生と地域の人たちとの関係性が育めると、その後、地域の人から採れた野菜をいただいたり、夕飯に呼んでいただくという関係性も生まれ、またそのような交流を通して学生も地域への愛着がどんどん強くなっていきます。関係性の深さは、“一緒に過ごす時間×一緒にかいた汗の量”です。関係性の深さは学生のやる気に直結し、でき上がる成果物にも影響します。またインターンシップが終わってからも頻繁に学生が地域を訪問することにもなります。そして何よりも、学生と地域の人たちがたくさん会話することで地域内の前向きな変化が生まれやすくなります。

地域の人たちと学生が深く関わりを持つようになるには、お互いに下の名前で呼び合える間柄になることが大前提です。例えば一度に10人以上の学生が地域に入ってきても、一人一人の名前と顔をすぐには覚えられません。そのためインターンシップでは、数人単位での受け入れをおすすめします。また大勢の学生で活動すると必ず「誰かがやるだろう」という意識が生まれ、学生一人一人の主体性が希薄になりがちです。

4）学生と地域の活動を円滑に進める調整役（コーディネーター）の必要性

インターンシップを成功に導く要素の一つとして、第三者の立場で学生と地域をサポートするコーディネーターの存在があります。インターンシップでは、なぜやるのか？という目的は不変ですが、そこに行きつくまでの方法・手段（活動内容）は、当初の想定からある程度変わることはよくある話です。あるいは、学生が活動するなかで、ゴールに向かっての道筋がそれてしまったりすることもあります。そんなときに「学生さんが一生懸命やってくれてるんだから…」という遠慮が働き、地域の人たちが言いたいことが言えず、後から「思ったような成果があがらなかった」、「イメージしてたものと違った」という状況が生まれることもあります。

当事者同士であるがゆえに遠慮してしまうことがあり、そういったことに第三者の立場のコーディネーターが調整役となって動く必要があります。つまり、学生にとっても地域にとってもお互いに満足度が高いインターンシップになるようにさまざまな調整を行うのがコーディネーターの役割です。

このほかにもコーディネーターの仕事としては、次のようなことが挙げられます。

・地域の人や資源を学生に上手につなぐ（関係性を育むための調整）

・学生の作業の進捗確認、必要に応じて軌道修正

・学生が活動するなかでの相談相手

・学生の暮らしのサポート

インターンシップではコーディネーターの存在が必要不可欠で、コーディネーターがちゃんと機能しているかどうかによってインターンシップの成否は大きく変わります。コーディネーターとしては、地域づくりＮＰＯ、地域おこし協力隊や集落支援員、中には行政職員がその役割を担う例もみられます。できれば、コーディネーターは複数人いるのが理想的で、学生にとって“気にかけてくれる人たちがたくさんいる”体制をつくることが重要です。

(4) 地域に入るインターンシップは、地域づくりの手段の一つ

学生は地域の課題を解決してくれる“外国人助っ人”ではありません。ずっと地域に関わり続けられる訳でもありません。それでもインターンシップを受け入れた地域からは「地域の雰囲気が前向きになった」という声が多く聞かれます。

学生が一番その力を発揮できるのは、「場づくり」や「関係づくり」です。学生がいることで地域の人が普段話さないようなことを話してくれたり、地域内での会話が増えたり、何よりも学生が一生懸命地域の中で活動することで、それが刺激となって地域の中に前向きな意識が生まれたり、いわば学生は地域全体の空気を少し変えてくれる“空気チェンジャー”です。地域の人たちと学生とのよい関係のためには、学生が「役に立つ・立たない」ではなく、「○○ちゃんが来てくれて嬉しい」、「○○さんに会いに行きたい」という存在承認の関係づくりが重要です。

決して地域に入るインターンシップは地域づくりの万能薬ではありませんし、インターンシップは、あくまでも地域づくりを進めるうえでの手段の一つでしかありません。地域が置かれている状況や空気感、今後地域として進むべき方向性など地域側の実情と、学生の特性を見極めたうえで地域に入るインターンシップを上手に活用いただければ幸いです。

(金子知也)

2. 地域に入るインターンシップの実際をみてみよう

(1) にいがたイナカレッジインターンシップ

にいがたイナカレッジ（事務局：公益社団法人中越防災安全推進機構）は、2004年に起きた中越地震の復興支援の活動から派生した、滞在型のインターンシッププログラムです。中越地震の主な被災地は農村地域であり、地震をきっかけに便利な市街地へと居を移す住民も多くいるなかで、集落の行事や農地、コミュニティをいかに守っていくかが課題となりました。

にいがたイナカレッジがスタートした2012年から2016年までは、震災の復興基金を利用した1年間のインターンシップが主に行われていました。内容としては、1カ月5万円と家と車を支給し、地域で暮らしながら活動テーマに沿って毎日を過ごすというもの。このプログラムでは長岡市、小千谷市、十日町市、柏崎市などの集落や農業法人、直売所など20箇所以上の受け入れ先で、およそ40人がインターン生として活動しました。この場合参加者は休学する学生もいましたが、多数は仕事を辞めて田舎にお試し移住したい社会人でした。インターンシップ終了後そのまま定住する参加者も多くいました。

大学生の地域との関わりの需要が高まるなか、学生向けの1カ月のインターンシッププログラムをはじめたのが2015年。これは、1カ月間、農村地域で2人から3人の学生が空き家に滞在し、住民と交流しながら1つのものをつくり上げるという内容のプログラムです。年々改良を重ね、地域も中越だけではなく下越まで拡大し、現在にいがたイナカレッジのメインの事業となっています。具体的な地域の例を用いながら、このインターンシップについて紹介していきたいと思います。

まず前提として、インターンシップを受け入れたい地域には、何らかの受け入れる「意思」と「目的」を改めて考えてもらいます。それが腑に落ちている人物が集落内に2人以上いる状態の地域でないと受け入れが難しいと考えています。例えばそれは、「集落内の若者と高齢者をつなげたい」、「集落内の資源を知り、発信にいかしたい」、「今後移住者を受け入れる練習をしたい」などですが、これがないと学生がとまどったり、集落内の住民からの協力が得づらくなったりします。また、これらの目的のためであればボランティアでも関わりたい、という何人かの住民の存在が必要不可欠です（全員が合意するという意味ではありません）。

インターンシップを受け入れるときには、少なくとも受け入れる3カ月ほど前から計画や準備をします。これは、「インターンシップ期間内にどういったことをしてもらうかの話し合いと決定（何か形に残る成果物を1つつくることにしています）」、「滞在環境の整備（空き家、自転車、家具など）」、「集落住民への周知」などにそれなりに時間がかかるためです。また、学生側も1カ月、2カ月先の予定は埋まっていることが多く、3カ月程度は準備期間が必要だと考えています。

近年は今まで私たちとつながりのなかった地域からも声がかかるようになり、主に行政職員が共に事業を行う形が増えたため、受け入れに関する研修も行っています。地域でのインターンシップの定義から、どのようなプロジェクトを設計していくのか、などをさまざまな立場から話し合うことでよりよいテーマやプロジェクトができあがっていきます。また、地域の人と行政職員、イナカレッジスタッフがどう役割を分担するのかも重要なところであり、話し合いが必要不可欠です。

ここから、具体的に2018年度にインターンシップを実施した地域を例に、1カ月のにいがたイナカレッジのインターンシップの内容と運営方法について、準備期間・実施期間・振り返り期間の3つの期間にわたって説明していきます。2018年度は、新潟県内6つの地域（出雲崎町、柏崎市、胎内市、関川村など）で1カ月のインターンシップを実施しましたが、その中の1つが柏崎市岩之入（いわのいり）集落でした。

世帯数は44世帯。中山間地と呼ばれる環境の集落であり、農業・建設業を営む人のほかは、車で20分ほどの柏崎市街へ働きに出るなどしています。小学生が1人、乳児が2人いる子育て世帯のほかは、ほとんどが60歳代以上。1人暮らしの高齢世帯も何軒もあります。そんな岩之入集落がインターンシップを受け入れることにしたのは、柏崎市が地域おこし協力隊受け入れに関する説明会を広く実施したことがきっかけです。当時の岩之入集落の町内会三役が、説明会でインターンシップのことを知り、やってみたいという話になりました。ちょうど集落内の世帯数や年代を調べていたところで、高齢化の進行具合に危機感を覚えていたと言います。同じ柏崎市内には、すでにインターンシップや移住者の受け入れが進んでいる地域もありましたが、岩之入集落がそのような取り組みを実施するのは初めて。それでも、集落の住民たちのために何かしなければと、思いきって柏崎市の呼びかけに手を挙げてくれました。

1）準備期間

このときのインターンシップに関わったのは、町内会や役員を中心とした集落のみなさんと、柏崎市役所、にいがたイナカレッジ。インターンシップを実施する年の4月末に、関係者を集めて最初の話し合いが行われました。主には、今後の集落をどうしていきたいかの展望や現状を集落側から伝え、そのうえで１カ月という短い期間で集落として何をゴールにインターン生を受け入れるのか、話をしました。このとき出たゴールとしては、「地域にどんな人がいてどんな暮らしをしているのか改めて知りたい」、「少し若い世代同士のつながりをつくりたい」、「これから外の人に集落を知ってもらうときに使えるものが欲しい」というものでした。これを受けて、インターンシップの内容は「学生が集落の人と交流しながらつくる、地域の暮らしが分かるカレンダーづくり」に決定しました。こういったことを決める「お世話チーム」には、町内会や役員といった既存の組織を基本にしてもよいですが、こういった取り組みに前向きな女性や少し若い世代に数名でも声をかけて入ってもらうことがその後の動きやすさやほかの住民への広がりにつながります。

６月に大学生を募集し、来てくれることになったのは、千葉の女子大学生２人と、鹿児島の保育園で働く23歳の女性の合わせて３人。参加者が決まってからは、集落内の滞在予定である空き家の大家さんとの交渉や、１カ月暮らすための家電の準備や部屋の掃除を集落住民で協力して行いました【☞**ヒントは９章「宿泊・生活環境編」へ**】。同時に、集落の全世帯にお知らせを配布し、どのような趣旨でどんな人が集落に１カ月滞在するのかを伝えました。このときの住民に対するお願いは、「期間限定で集落住民が増えたと思って接してください」というもの。おもてなしはしすぎず、でも生活の合間のできる範囲で気にかけてもらう、という距離感を大切にしています。それでも、イメージがつくまでは心配そうな方もいらっしゃいました。

2）実施期間

いよいよ８月上旬、３人が集落にやってきました。１カ月のインターンシップで、一番大事な期間は最初の１週間です。地名も人も何もわからず、そもそも新潟県にすら初めて来たような大学生たちが、日々の予定を自分たちで決めて集落の人を頼りながら動くことができるようになるまでの土台を最初の１週間でつくることが、お互いの安心感につながります。岩之入集落の場合、30人ほどが集まってくれた歓迎会・町内会三役の丁寧な地域案内がそのための大きな役割を果たしました（写真１）。歓迎会は、おかずは持ち寄り・飲

写真１　集落の概要を説明する町内会長

み物は参加費から準備して、高齢の方やお母さんも来られるよう、お盆休みの昼間に実施。インターン生には1人ずつ自己紹介をしてもらい、各テーブルをまわって色々な人とざっくばらんに会話してもらいました。これが、「今度うちの畑を見においで」、「〇日にお茶会があるよ」など住民の方から直接声をかける機会となり、その後の関係の深まりにつながったと思います（写真2）**【☞ヒントは9章「交流会編」へ】**。

写真2　歓迎会の様子。ウェルカムな雰囲気でインターン生の緊張もほぐれました。

もともと地域の意向もふまえた「暮らしのカレンダーづくり」がテーマのインターンシップでしたが、なるべく学生にコンセプトやターゲットから考えてもらい、場合によっては柔軟に変更してもらいました。そのための会議は、1週目は2回ほど、2週目以降は週に1回実施していました。また毎日「日報」を書いて共有してもらうことで、1人1人が感じた細かい感想や、「地域の〇〇さんはこうらしい」という話をにいがたイナカレッジのスタッフや柏崎市職員は知ることができました。実際に、ほかの地域でカレンダーをつくったことのある人を呼んでインターン生向けに話をしてもらった後には、「網羅的なカレンダーというよりは、私たちがいるこの期間を、食や暮らし・出来事の紹介を通じて思い出すようなものにしたい」という学生からの意見で、テーマや内容の変更もありました（写真3）。

写真3　カレンダーづくりの勉強会の様子

このとき滞在していた空き家は、集落の入り口付近で、通りに面した声のかけやすいところにありました。そのため、玄関にホワイトボードで「今日の予定」、「明日の予定」を書いておくと、住民の方がそれを見てごはんに誘ってくれたり、おすそ分けを持ってきてくれたりしていました（写真4）。スーパーへの食材の買い出しは、にいがたイナカレッジのスタッフが車で連れて行っていましたが、それも3日から4日に1度で十分なほどおすそ分けをいただいていました。おすそ分け文化も、都市で育った大学生にはとても新鮮で嬉しいものです（写真5）。忙しい住民の方が特別時間を割くようなことができなくても、このような小さなおすそ分けをしてもらうだけでインターンシップがとてもよいものになります【☞**ヒントは９章「人間関係編」へ**】。

カレンダーづくり以外にも、集落の若者同士がつながるためのきっかけとして、インターン生主催のそうめん流しイベントも実施しました。このとき、集落内の若者がなるべく参加しやすいよう、町内会長の世代は準備・お手伝いまではするが当日は参加しないなどの工夫をしました。インターン生にとっても、呼びかけて人が集まってくれるということが１つの成功体験となり、夏にお祭りがないこの集落でもこのようにきっかけがあれば集まることができるという確認にもなりました（写真６）。このイベントの影響か、インターンシップが終わってからも「以前より集落内の若い人が挨拶をしてくれるようになった」、「集まりに参加してくれるようになった」という声を聞きます。

インターンシップ後半にさしかかると、インターン生は成果物（カレンダー）をつくるための作業が多くなりました。パソコンを使って文章をつくったり写真をレイアウトしたりといった作業は、どうしても家にこもりがちになり、インターン生たちはこの集落に居られるのはあと数週間しかないのに住民の方と交流する時間を削ってしまうことに葛藤を感じていました。最低限のものは「つ

写真４　予定が書かれたホワイトボード

写真５　滞在している家まで野菜を持ってきてくれる人

写真６　期間中にインターン生が企画したそうめんパーティー

くりきる」ことをゴールに、地域の人との交流もなくさずにいてくれました（写真7）。このころ、個室のない滞在先での生活に少しストレスも溜まっていたので、気分転換に町の喫茶店へ連れて行ったり、1人ずつで時間を過ごす日をつくったりすることも重要だったように思います。20歳代のはじめに、大学の授業や就職活動とは異なるインターンシップに参加し、さまざまなことを考える学生にとって、集落での多くの人と交わる暮らしは考え方や感情の揺らぎや波を生みます。「疲れてない？」、「楽しくやれてる？」、「お茶会はどうだった？」などの声をかけ、気楽に相談してもらえる関係をつくって今の気持ちの状況を把握することも重要でした。

　無事に『とも』というタイトルの冊子（集落の夏から秋の様子をカレンダーのようにまとめたもの）が完成し、報告会が計画されましたが、台風のために延期になってしまい、インターン生たちはインターン終了1カ月後に再び集まることになりました。ただ、集落を発つ日にはインターン生からお世話になった方への手紙が渡されたり、多くの人が見送りに来てくれたりと、集落の人とのつながりが1カ月間で深まっていたことが確認できました（写真8）。再び集まった際には、盛大に報告会とごはん会が開かれ、50人ほどの人の前でしっかりと成果を発表することができました（写真9）。

写真7　住民の方の家でごはん！この時間が一番仲良くなります。

写真8　出発の日には家の前に大勢の住民のみなさんが集まってくれました。

写真9　報告会には50人ほどが参加！感想とつくった冊子の内容を発表しました。

3）実施後について

8月上旬から9月上旬のインターンシップ期間が終わり、正式に印刷された冊子『とも』が配布されてからも、インターン生の影響はしっかり残っています。例えば、連絡先を交換した住民とインターン生は、メールや電話のやりとりをしていますし、冬の行事に遊びに来て住民の家に泊まっていくこともありました。また、集落として地域おこし協力隊の募集も正式にはじめ、25歳の男性が神奈川県から移住して地域おこし協力隊に着任しました。インターンシップ終了後に実施した反省会で出た「こういう連絡手段があればよかった」、「関わりたくても関われない人がいた」などの意見は、地域おこし協力隊の取り組みにいかしています。集落の中でも、外の人を受け入れることに関して前向きな意見を持つ人が増え、これから世代間で連携しながら頑張っていこうという機運が高まりつつあります。インターンシップというチャレンジをただやって終わりにしないために、このように小さくても"次の"動きを続けることが非常に重要だと思います。

長いような短いような1カ月という期間は、ずっと世話をしなくてもインターン生だけで動けるようになり、歓迎会や送別会、買い物などの手伝いもありますが、地域への負担も大きすぎないちょうどよい期間だと思います。そのなかで、集落によって規模や状況・目的は多少異なりますが、出身でなくとも、住んでいなくても集落の想いに共感し、共に汗を流そうと思ってくれる若い仲間ができることが何よりもこのインターンシッププログラムの効果です。また1カ月間、都会の若者でもあるインターン生と直接会話し、接する経験は、集落にとって「若い人がどんなことを考えているのか」、「若い人が1カ月むらに居る感覚がどういうものなのか」などを学べる大きな機会でもあります。若者が学ぶだけでなく、"集落も学ぶ"という姿勢がインターンシップにおいてはとても大切です。

（井上有紀）

（2）熊本県小国町の地域づくりインターン

ここでは私が熊本県小国町で受け入れコーディネーターをした大学生による「地域づくりインターン」について触れてみたいと思います。地域づくりインターンとは、農山漁村に関心のある学生が夏休みなどの長期休暇の期間に2週間から4週間程度滞在し、地域づくり活動の実践を通じ、地域の暮らしを学ぶものです。小国町の一般財団法人学びやの里（以下、学びやの里）では、大学生の地域づくりインターン生を受け入れ、現

表1　小国町での地域づくりインターンの活動プログラム（2001～09年）

年度	活動内容	参加人数
2001	小薮地域活性化プロジェクト企画・実践	4人
2002	片田地区、倉本地区集落調査	5人
2003	旧国鉄宮原線跡地の活用プロジェクト調査	8人
2004	宮原地区商店街調査（一番街活用提案）	6人
2005	都市部中学生の農村体験民泊家庭調査（受け入れ前）	4人
2006	地域通貨流通に関する調査	5人
2007	観光客の長期滞在ニーズ調査および町内飲食店の地産地消率調査	4人
2008	都市部中学生の農村体験民泊家庭調査（受け入れ後）	3人
2009	農泊受け入れ家庭の簡易宿所許可に向けたサポート	6人

場でのさまざまな地域づくり活動に携わってもらっていました。

この学びやの里は医学博士北里柴三郎の生家がある小国町北里地区において北里博士が提唱した「学習と交流」を理念として、1996年に設立され、研修宿泊施設「木魂館（もっこんかん）」や北里柴三郎記念館などの管理運営を行っています。この木魂館を拠点として北里博士の理念である「学習と交流」の実践の場として都市農村交流の人材育成プログラム「九州ツーリズム大学」や環境教育を行う「小国自然学校」、都市部の中学生の農村体験の受け入れを行う「うるるん体験教育ツーリズム」なども行ってきました。1996年度にはじまった旧国土庁の地域づくりインターン事業（若者の地方体験プログラム）は小国町でも実施されました。このときの地域づくりインターン事業は2年間の実験事業（1998年度と1999年度は休止して2000年度から本実施）でしたので、この活動に意義を感じた地域づくりインターンのOBと当時の参加地域が1999年に立ち上げた、任意団体「地域づくりインターンの会」からも学生を受け入れています。

私が学びやの里の職員としてインターン生の受け入れに関わった2001年からの9年間のプログラムをみると、テーマも活動内容もさまざまですが、基本的に地域側から出た何かしらのミッションを学生がサポートするという形になっています（表1）。

1）倉本地区集落調査（2002年）

2002年夏に小国町内の倉本地区で行った集落調査「集落のあるものさがし」は、学びやの里が集落の方から「集落が同族ばかりでどうにも動かないので、活動の機会になるようなきっかけをつくって欲しい」という相談を受けたことがきっかけでした。小国町では以前から大学生の地域調査などを多く受け入れており、「木魂館にはまちの大学生がいつもいる」という話は知れ渡っていたので、ヨソモノである大学生を入れることで、集落にちょっとした刺激を与えようと考えた方がいたのでした。

この紹介者を通じて、地域の集まりのときにまずは学部２年生から大学院生までの男女５人を集落で預かってもらって、学生の調査に協力をして欲しいと集落の方々にお願いすることからはじまりました**【☞ヒントは９章「活動編②～調査・研究～」へ】**。当然何も知らない集落の方々は難色を示します。“お客さん”ではないこと、迷惑はかけないことなど、色々交渉し、ようやく了承を得ますが、今度は誰の家で面倒をみるのかという話になります。「○○の家は50過ぎの独身男がいるからつまらん（ダメだ）」、「△△の家はどうか？あそこはばあさんがボケはじめたからやめたほうがいい」、など数日の学生の受け入れをお願いしただけで、各家庭の状況までわかってしまうのです。結局、緊急の場合は退居するという約束で集会所に雑魚寝することになりました。食事なども自炊の約束でしたが、実際には集落の誰かしらが酒や惣菜を持ってきてくれ、夜は常に集落の誰かが学生と一緒に食事をするという状況でした。

ところで、インターン生の活動はというと、集落の家庭訪問からはじまり、農家の手伝い、昼食用の魚釣りをするなど各自それなりに自由に動いていました。５日間の倉本地区での調査を通した、学生からの提案は未利用の「倉」と「湧き水」に着目し、東屋やベンチなどを置いて観光客にも地域のよさを感じてもらうといったものでした。倉本地区は国道から外れた奥まった場所にあり、基本的に地域住民以外が立ち入ることはなく、こうした集落に無理に人を入れ込んで交流を促す必要があるかといった議論が学生の間でもなされましたが、集落の人が気づかない資源である湧き水に少しでも光を当てて、自慢できるものにしていくというコンセプトでの提案でした。また、集落の集会所の隣にある共有の倉を「なごみ亭」と名づけて、地域の情報館と、集落の人たちの溜まり場になるようにしたらよいのではないか、ここを地域の特産品売り場にしてもよいのではないか、という提案を行いました（図１）。

集落の方々に集会所に集まってもらっての報告会での反応はいまいちでした（写真10）。集落の人間にとっては誰にも知られなくても、地域の共有資源として大事にしていたもので、それを改めて外の人に見せるものでもないといった反応がほとんどでした。それでも報告会後の交流会で、インターン生それぞれがこの湧き水の魅力を口々に語ったこともあるのでしょう。2005年に九州を直撃した台風14号によって小国町内も至るところで土砂崩れがおきましたが、倉本地区ではその土砂を集落内に運んできました。学生の提案であった湧き水へのアプローチをよくして、休憩できる場所をつくるためでした。

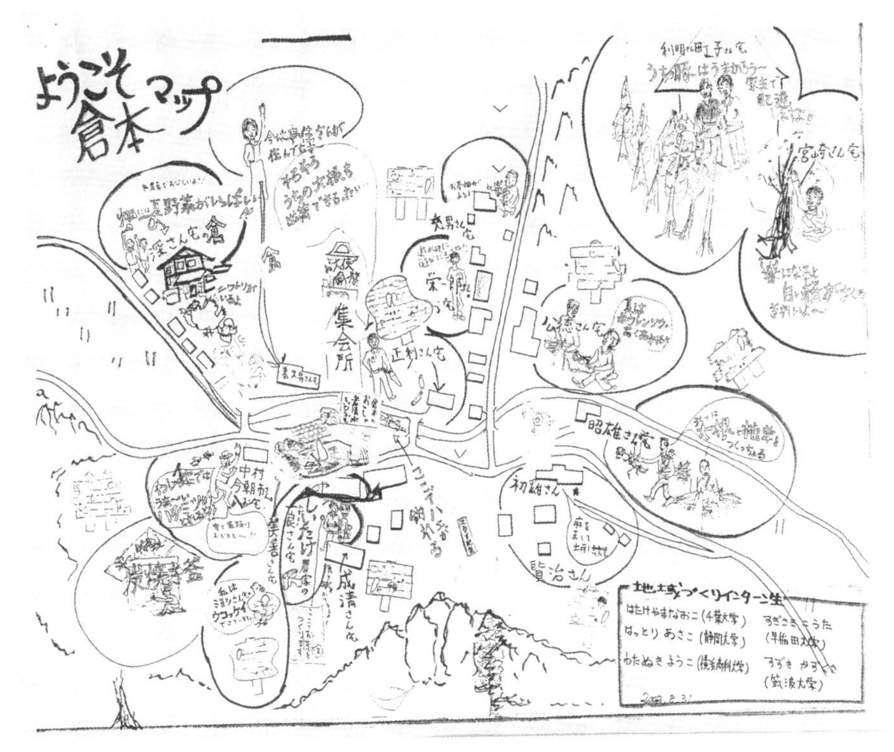

図1　インターン生が作成した倉本資源マップ

写真10　倉本地区でのインターン報告会

写真11　倉本地区の湧き水

地域の人たちの手づくりで築山をつくり、街道沿いに湧き水の看板を立てました。わずか5日間しかいなかった学生の提案が実は集落の人たちの心に残っていたのでした（写真11）。

2）農家民宿の許可取得サポート（2009年）

当時、農村民泊のスタイルとして、大分県安心院（あじむ）町（現宇佐市）において、1日1組の会員制民泊を実施し、農業体験への謝礼をもらう安心院方式と呼ばれるものが注目を集めていました。こうした動きを受け、2001年3月に大分県生活環境部長から県内各保健所に規制緩和の通達が出され、翌2002年4月には国が民泊の規制緩和を盛り込んだ旅館業法施行規則の改正を行い、農家民泊がより行いやすくなりました。こうした規制緩和はあったものの、許認可自体は各県の保健所が定めるため、農業体験をせずに、恒常的に宿泊させるには旅行業法上の規定である簡易宿所の営業許可を取る必要がありました。こうした許認可を受ける際に保健所や消防署などとのやりとりが煩雑で、この時点で諦めてしまう人も多かったです。

小国町では2005年より北九州市の中学生の農村体験受け入れを行っており、インターン生のミッションとしてこの事業開始前の受け入れ家庭への聞き取りや、受け入れ後の聞き取りなどにも関わってもらっていました。受け入れの実行委員会の反省会でメンバーの一人から、「子どもたちの声が励みになるので、もっと普通の人にも体験してもらってもいいな」という言葉があがりました。こうした声を踏まえ、2009年のインターン生には農家民泊（簡易宿所）の許可取得サポートをミッションとして与えることにし、事務局から許可取得とモニターとしてインターン生の受け入れ（宿泊）を希望する家庭を募りました。インターン生には各種聞き取りと図面作成、それらの取り組みを通じた認可取得に向けたマニュアル作成を行ってもらうことにしました（写真12）**【☞ヒントは9章「活動編③〜作業のお手伝い〜」へ】**。

もともと受け入れ家庭には2005年のインターン生の活動として、中学生を泊まらせる前の聞き取りを実施させてもらっていたこともあり、大学生のインターン活動のことも理解してくれていて、個々の家庭でインターン生を泊まらせて活動や調査をしてもらう話はすぐにまとまりました（写真13）。この年のミッションにある図面作成は簡単な立面図と平面図ですが、慣れた人でないとなかなか書くことがままなりません。そのため募集の際に、建築系の学生を想定して図面やイラストが書けることを条件に入れました。この募集で集まった学生は建築系の学生が2人、人文系の学生が2人だったため、それぞれ製図と聞き取り調査で役割分担ができるようにチーム分けを行いました。例年の受け入れ時に心がけていたのは、同じ属性の学生同士にしないというもので、さまざまな学部の学生を混ぜ合わせることで、お互いの足りない部分を補完し合いながら、それぞれの強みを引き出すことでした。

これまでのインターン生は木魂館に宿泊することが多かったため、この年の不安要素は、インターン生が民泊をすることでした。しかし、それは杞憂だったことにすぐ気付かされました。そもそも中学生の農村体験の受け入れを行って、さらに一般の人まで泊めようという家庭なので、最初は緊張していたインターン生たちもすぐに打ち解けていきます。これまでのインターン生の受け入れ時にも1泊くらいは一般家庭にお願いして泊めてもらうことはありましたが、ここまで積極的に受け入れてくれると本物の交流が生まれます。単なるミッションではなく、「○○さんのために図面を書く」という関係性が初めて生じた気がしています。

写真12　許可申請マニュアルづくりをするインターン生

写真13　民泊家庭の外観調査をするインターン生

さらに、自分たちがつくり上げたものが単なる提案といった自己満足的なものではなく、地域のための「許可申請マニュアル」という、今後も残るものという緊張感もあったのでしょう。例年のように、どこかに遊びに行きたいという声もなく、あまりにも根を詰めて作業を行っていたため、こちらが中断させて息抜きの遠出をさせたり、地元の若者に頼んでお祭りの準備に紛れ込ませたりという、逆の気遣いが必要だったほどです。

2週間ほどしか滞在しない大学生が地域の課題解決まで行うことは、あまり期待できないかもしれませんが、ヨソモノの視点からの指摘や、専門知識をいかすといった点では力を発揮してくれると思います。

3）受け入れコーディネーターとして気を付けたこと

まず、余裕を持って準備をすることが重要です。インターン生受け入れにあたっては、前年度からの仕込みが重要になります。小国町のインターンは、受け入れ主体である学びやの里が企画するプロジェクトにインターン生に参画してもらう形でした。

次に活動資金を確保することです。学びやの里は、小国町の地域づくりに資する活動を行うというミッションを持った組織ですが、当時、自主財源の中でインターン生を受け入れることは難しく、その活動にあたっては外部資金によるものが多かったです。そのため、地域課題解決に向けた各省庁の補助事業などの申請を行い、その中で経費を捻出していました。普段からインターンの活動（ミッション）のネタ探しと、その社会的意義を組み合わせて企画立案を行いながらの活動資金の確保が重要になります。

さらに、役場や外部とのネットワークを持っている人に相談することも欠かせません。なにか地域内で動きをつくりたいというときには、やはり役場に相談すると何かしらのヒントをもらえます。インターンシップ受け入れ先募集の情報や地域づくりの専門家の派遣など、国や県からさまざまな事業の案内が来ていますので、まずは役場に問い合わせるといいでしょう。また、最近では当時の私のような役割を果たす地域おこし協力隊という制度で都会から移り住んで地域づくり活動などのサポートをする若者が増えています。みなさんの地域でも地域おこし協力隊などの制度で移住してきた人などに相談すると、本人の得意分野でなくても、外部とのネットワークを持っていることが多いので、なにかヒントを貰えるかもしれません。

学生の金銭的負担を減らすことも考えましょう。学生の受け入れにあたって、本来であれば彼らの滞在費だけでもお金がかかるものです。学生の負担を減らすためにも、集会所などを無償で利用してもらう代わりに地域の活動のお手伝い（水路掃除、お祭りの準備）などを行ってもらうことも手です。それによって自然と地域住民との距離が縮まるようにもなります。安全面を配慮したうえで、学生の移動手段を確保することは欠かせません。かつて、居眠り運転で事故を起こした学生がいたこともあり、小国町では学生に車の運転をさせないことを徹底していました。その代わり自転車での移動を推奨するほか、遠出などでは自家用車に乗せることも必要です。

対外的に活動PRをすることは地域内外の人たちとのつながりづくりにもなります。集落の人たちには、事前に「こんな学生たちが地域に勉強に来ます」という顔写真や似顔絵入りのチラシをつくって配布するほか、地元FM局への出演や役場の広報誌の取材を受け、インターン生の存在と活動を地域内外に知らせるようにしていました。学生個々人のモチベーションを確保することはどうでしょうか。単なる“お客さん”扱いはしませんが、単なる“労働力”としてもみないようにします。もし活動が単純労働に近いものだとしても、その目的や趣旨を事前にしっかり伝え、活動時間外にもほかの学びが得られるのであれば本人たちは満足します。

悩んだときは一人で抱え込まず、周囲にサポートを頼むことは受け入れコーディネーターとしては大切な点です。上記のことをすべて自分一人で行おうとすると、無理が生じて受け入れたくなくなることもありますので、要所要所で周りの人にお願いし、一人で抱え込まないことが長続きの秘訣です。私も5日間の県外出張が重なり、地元の若者にサポートをお願いしましたが、地元の色々な人を紹介してもらえたらしく、結果的にインターン生の人間関係が広がりました。また、外部に相談できる専門家をつくることも大切になりますので、地域外の事例を知るためにも、さまざまな講演会やイベントに足を運び、知り合いをつくることも必要になりそうです。

（嵩　和雄）

早わかりポイント

○そもそもインターンシップとは、学生などが企業などで行う“就業体験”。これになぞらえると「地域に入るインターンシップ」とは数週間から1カ月程度の期間の“就村体験”となります。

○ボランティアに比べると期間が長い分、少し離れた地域から学生が訪れることも可能で、効果も具体的な成果物である「直接的効果」と地域内の前向きな変化である「副次的効果」の両方が見込めます。

○インターン生は地域の課題を解決してくれる“助っ人”ではありませんが、一生懸命地域の中で活動することで地域内に前向きな意識が生まれるなど“空気チェンジャー”としての役割が期待できます。

学生の地域調査

―受け入れからはじまるコミュニケーション―

1. 学生の地域調査とは何か

多くの大学では4年間の集大成として卒業研究を課しています。私学高等教育研究所が調べた少し古いデータ注1）ですが、卒業研究を必修としているのが77.8%、選択としているのが18.7%だそうです。そして選択科目の場合の平均選択率が6割弱ですので、おおよそ9割の学生が何らかの卒業研究を行っていると推計されます。もちろん学部学生の卒業研究だけではなく、大学院の修士課程や博士課程でも修了のための研究があります。そのなかで、社会科学と呼ばれる分野（地理学や社会学、経済学など）や農学系、社会工学系の分野を中心にこれまでも卒業研究の一環で学生が地域で調査をさせていただくことはあったのですが、2014年にはじまった地方創生の動きとともに卒業研究のテーマに「地域」を入れて、地域調査を行う学生が増えてきました。

短大も含め大学進学率が58.1%（2019年）にもなる昨今ですが、大学などがほとんどない農山村は20歳代前半の学生に相当する若者は極端に少ない社会です。そのような農山村に、地域調査であれ、訪れる若者が増えることは前向きにとらえていいでしょう。その一方で、“調査公害”という言葉もある通り、結果として望ましくない調査を展開する学生がいるのも事実です。大学に所属する学生の調査ですので責任は大学にあることはいうまでもないのですが、ほかの授業と違って教員が同行するということは稀で、経験が浅い学生が単独で農山村に訪れることが多いため、農山村側の受け入れの是非の見極めも大切です。調査を単に受け身で受け入れるだけでは地域のためになりません。学生とコミュニケーションをとりながら、学生をいかすことを考えるのが肝要でしょう。

そこで、ある学生が実際に行った地域調査を例に、学生がどのようなコミュニケーションを行ったのか、そして地域の方々がそれをどう受け止めて感じたのか、農山村における学生の地域調査の受け入れ方の実際をみてみましょう。

（筒井一伸）

2. 学生の地域調査の実際をみてみよう

ここでは、実際に学生が地域調査に入ることについて、長野県飯山市西大滝での事例をご紹介します。調査をする学生として入った私と地域の人とがどんなことをしていったのか、また、どういった関係性が築かれていったのかなどを地域の方の声を入れながら、時間の流れに沿ってお伝えします。

(1) 初めての訪問から調査に踏み切るまで

2015年9月、飯山市にある宿泊型体験施設「なべくら高原・森の家」（以下、森の家）での約2週間の地域づくりインターンがきっかけで同じ地区内にある西大滝（2015年当時、人口103人、51世帯）という集落に出会いました。当時、私は鳥取県で大学院修士1年生として、農山村の地域づくりについて学んでおり、修士論文の執筆のため、農山村集落の維持に外部人材がどのように関わっているのかを調査したいと考えていました。当時、森の家で働いていた西大滝の住民の方と知り合い、せっかく来たんだからということで、「一度遊びにおいで」と声をかけてくださり、地域を案内していただいたり、地域の方を呼んで一緒に晩ごはんを食べる場をつくってくださったりしました。インターンシップ期間中は何度か西大滝を訪れ、森の家の職員の方をお誘いし、一緒に「わけしょ組[注2)]」という西大滝の任意組織の定例会に参加させてもらったこともありました。そのとき一緒に行った森の家の職員の方はそれからわけしょ組のメンバーとなったり、西大滝のお祭りで笛を吹いたりとその後も西大滝に関わり続けています。また、「周辺の地域も含めていいところを見てもらいたい」、「楽しんでもらいたい」、「自分の地域に戻ってPRしてもらいたい」、「一緒に行けば自分たちの気晴らしにもなる」ということで、時間があいているときに周辺の観光地などにも連れて行ってもらいました。地域の方とは何人かと連絡先を交換し、その後もたまに連絡を取り合うようになりました。

これまで、西大滝には単発的によそから人が来ることはありましたが、地域外に住む住民の子どもや孫以外で、通う人を受け入れるのはほぼ初めてだったようです。なかなかそういう機会がなかったそうです。最初はみなさんびっくりしていた印象で、「*何でわざわざこんなところに来て、集落の清掃活動に参加したりとめんどくさいことをするんだ？まして若い子がこんなじいさん、ばあさんしかいないようなむらに来て*」と相当不思議に思われていたようでした。しかし、「*変わった女の子だな～と最初はびっくりしたけど、いろいろなことを経験して勉強するためにと話を聞いているうちに納得できた。やっぱり地域の風習や人柄、そこで生活している人の環境は実際に体験してみないとわからないわけだから、大事なこ*

とだと思った。」と、少しずつ地域の方にも存在を知ってもらえるようになりました。

論文の構想や調査する内容を検討し、2016年2月に再び西大滝を訪れ、地域の基本的な情報や周辺地域のことを調べました。その際も地域の方が歓迎会を開いてくださったり、いろいろな人を紹介してくださったりし、以前訪れたときよりもお話できる人が増えていきました**【☞ヒントは9章「交流会編」へ】**。「*人はどこからどうつながっていくかなんて誰も予想できないから、一人でもつなげておくことは、仲間や組織としてはとても大事。とりあえず、顔や名前を覚えて、『おう！』って言える間柄になっていくことから。*」と、地域の方は振り返ります。また、郷土食の「耳団子（みみだんご）注3）（写真1）」なども食べさせていただきました。その後、修士論文の調査を西大滝でさせてもらいたいと思っている旨を地域の方に相談すると、「区長さんや区の役員の方にお伝えしたほうがいい」など、進め方についてアドバイスをしていただきました。集落の仕組みをあまり知らない身としてはとてもありがたいことでした。

写真1　耳団子

（2）調査開始までのお互いの準備

「地域活動に地域外に住む住民の子どもや孫がどれぐらい関わっているのか」ということを西大滝で調査し、論文を書くことが決まり、2016年5月、まずは西大滝のみなさんに正式にごあいさつに行きました。相談に乗ってくれていた地域の方が区長さんなどに話をして、調整をしてくださり、集落の清掃活動の日に合わせて訪問し、住民のみなさんの前で自己紹介とこれから調査をさせてもらいたい旨をお伝えしました（写真2）。調整してくれた方は、「*集落の清掃活動に参加することは、地域の人に存在を知らしめるにはいいチャンス。そこで地域のいろいろな世代の方とお互い顔や名前を覚えることが大事。こういった地域の活動に出て住民と一緒に働かないと、住民には認知されないから、これからもし学生が来れば、そういうことにつなげていきたい。表面だけの話し合いは何の意味もない。*」と言います。集落の清掃活動では、簡単な作業をするのではなく、一番大変な作業の場所に行ったほうがむらの人には受け入れられやすいということで、溝の泥をさらう作業のところに行かせてもらいました（写真3）。それを提案してくれた方は、「*女の子だから*

写真２　清掃活動のはじまる前にごあいさつさせてもらったときの様子

写真３　清掃活動の様子

簡単な作業でもやっておいてもらえばいいんだろうというのではなく、あえて一番厳しいところへ行ってもらわないとと思った。そうじゃないとむらに入って厳しいことも含めて、いろいろなことを知ろうなんてなんないでしょうと思った。」と言います。

また、夜には区の役員のみなさんを集めてくださり、どういった調査をするのか、住民のみなさんにどういったことを協力してもらいたいのかを発表する場もつくっていただきました（写真４）。この日までに私は何度か西大滝に行っており、地域に知っている人がいたこともあり、「どういうことをするんだろう？」と疑問はあったかもしれませんが、「いいんじゃない〜」といった雰囲気は地域のみなさんの中にあったようです。このときまでは西大滝につないでくれた住民の方の家や森の家に宿泊させていただいていましたが、みなさんの中で私の宿泊場所をどうするのか？という議論が起こりました。地域に滞在する際に泊まるところの確保は最大の条件**【☞ヒントは９章「宿泊・生活環境編」へ】**。「集会所に泊まってもらったらいいんじゃないか」、「近くに宿泊施設はないしな〜」、「西大滝に泊まらないと西大滝のことがわからないしね〜」、「女の子一人で集会所に泊まらせるのは心配」などさまざまな意見が出ていました。学生の身分としては宿泊費はなるべくおさえたいこと、調査をするので少し長く滞在すること、何かあったときに相談に乗ってくれる人がいてほしいことなどの懸念事項を伝えました。最終的に「うちに泊まっていいよ」と言ってくださる方がおり、以前から泊めていただいていたお宅と２軒のお宅にお世話になることで落ち着きました。時には一人で作業する時間も必要ですが、家に泊めていただくことによって地域のことをたくさん教えてもらうことができ、また地域の方との距離も縮まっていきました。

(3) 本格的な調査の開始

2016年6月、本格的に調査を開始し、住民の方へのインタビューや資料収集をしていきました。家族のことなど少し込み入った質問をするときもありましたが、みなさん快く協力してくださいました。また、各家や集会所、消防小屋などにある昔の資料（写真5）を出していただいたり、集落の清掃活動や慰労会に参加させていただいたりし、地域のことを教えていただきました。集落の行事に合わせて行くと、地域の方とたくさん出会えるので次にある行事をメールや電話で教えていただいていました。

写真4　調査内容などを役員のみなさんに発表させてもらったときの様子

写真5　消防小屋にあった昔の資料

2016年8月、集落内の神社の祭礼に合わせて再びインタビューと資料収集で訪問しました。祭礼では準備から手伝わせていただき、お囃子のみなさんとともに、集落内をまわりました。秋ごろには全戸配布のアンケートをさせてもらいたく、配布や回収方法を事前に電話やメールで区長さんや役員の方に相談させてもらいました。区費を集めるときに一緒にアンケートも回収できることを教えていただいたり、「配布するときは自分で配ったほうがみんな答えてくれるんじゃない？」などアドバイスをいただいたりしました。また、アンケートを配るときに道に迷わないようにどこに誰が住んでいるかわかる集落内の地図もくださいました。同じ苗字が多い西大滝ではこの地図はとても助かりました。

2016年10月、アンケート配布と地区運動会への参加のために訪問しました。運動会では西大滝の選手としてリレーなどに出させてもらい、また慰労会も最後まで参加させていただきました（写真6）。そば刈りのお手伝いをしたり、ドライブにも連れて行ってくださいました。アンケートの配布では最初は一人で地図を持って全戸配布をしていきました。しかし、見知らぬ人が訪問してきたとのことでアンケート用紙を受け取ってもらえないときがあり、泊めてくれている家の方に相談し、途中から一緒について来ていただけることになりました。住民の方が一緒にまわってくれると受け取る方にも不信感がなくなり、スムーズにアンケートを配ることができました。アンケートの回収では、区費の回収とともに隣組長さんや副区長さんに回収していただき、郵送で返送していただきました**【☞ヒントは9章「活動編②〜調査・研究〜」へ】**。また、その後私の大学のゼミの学生や先生と話し、他地域のことなどを勉強したいとのことで住民の方何名かが大学に来られたこともありました。「*西大滝という地域を知ってもらったり、刺激をもらったり、他地域の人の思いなども知りたかった。なかなか大学生と知り合えることなんてないし、また何年かしてつながることもあるだろうし、その縁を大切にしたいと思った。*」と言います。

写真6　地区運動会での西大滝チーム集合写真

(4) 調査終了後も続く関係

2017年1月に修士論文が完成し、同年3月に現地報告会をさせてもらいました。事前にチラシをつくり、住民のみなさんへ全戸配布しました。西大滝には半年ぶりぐらいに訪問し、集落内の駅に「お帰りなさい」という文字が貼られていました。「*せっかく西大滝に来るけど何かあるわけじゃないから、西大滝の住民だよっていうメッセージとして、できることで迎えたいという思いで考えた*」とつくってくれた方はそのときを振り返ります。報告会では普段集会所に来ないような人を含め、約30名の住民の方が来てくださり、報告会終了後には懇親会を開いていただき、みんなでその日に打ったそばを食べました（写真7、8）。

調査活動期間を通して、その都度質問に丁寧に答えてくださったり、少し前の地域組織の名簿が欲しいと相談したときはみなさんで思い出してつくってくださったりしました。「*資料をつくるのはしっかり数字で出す必要があって、調べなきゃいけなかったので、結構*

めんどくさかった。でもちゃんとやろうとするスタイルが伝わっていたから、適当には出せないだろうっていうのがあった。真剣なものにはこっちも真剣にこたえなきゃ失礼だと思った。」とそのときの心境を教えてくれました。また、区の会議や地域行事に参加させてもらうなど、いろいろなことを体験させていただきました。そのことについては、「*積極的に地域のことに参加してくれることは非常にいいし、にぎやかになるっていうのもいいことだと思った*」、「*外から眺めているだけじゃなくて地域に入ってとけこんでくれるってところはありがたかった。そうするとむらの人たちと話をする機会もあるだろうし、顔も覚えてもらえるだろうし。抵抗なんてちっともなかった。*」と言います。また、西大滝に行く際は、事前に滞在予定表を地域でお世話になる方にお送りしていました。滞在中以外の期間でも電話やメールで相談や質問に答えてくださいました。

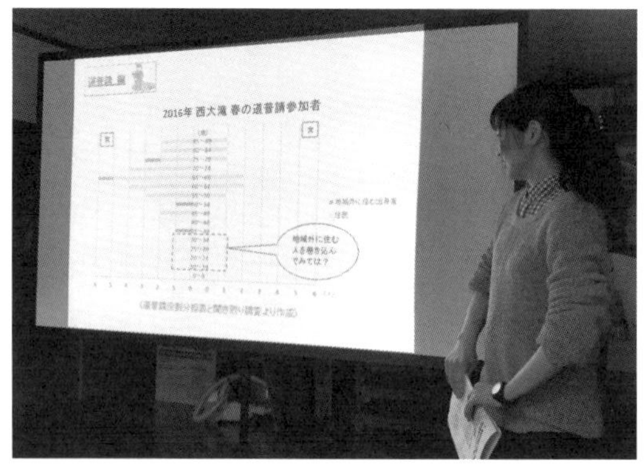

写真７　調査報告会の様子

写真８　報告会終了後の懇親会の様子

調査が終わっても、私は地域の方と連絡を取り合ったり、年賀状のやり取りをしたりするほか、不定期ではありますが、西大滝を訪れています。集落を歩いていたら「お茶飲みにおいで～」や「大根もってくか？」など声をかけていただいたり、いつも帰るころに集落内の駅に来て手を振って見送ってくれる方がいたり、地域の方々のあたたかさがそこにはあります。

また、飯山市報に西大滝との関係について発信するチャンスを地域の方がつくってくれたこともありました（図１）。「*西大滝の中だけで発信するのではなく、飯山市という中でもアピールしてもおかしくないことだと思ったから、市報に載せたいなと思った*」とその経緯を教えてくれました。

その後、西大滝では、飯山市内に住む外国人の女性の方がお祭りで笛を吹いたり、関東から来た女性２人が１カ月お試し移住で滞在したりと、地域外に住む人たちが少しずつ関わりはじめています。また、住民のみなさんの考え方に少しずつ変化が出てきており、積極的になったり、「本当にこれでいいの？」と疑問を持つようになっているそうです。さらに、若い人が地域に入ってくるといろいろな話ができ、住民間のコミュニケーションも深まり、楽しいし、おもしろいということをみなさんが気付きはじめ、かつよそ者慣れもしてきているようです【☞ヒントは９章「人間関係編」へ】。

「調査」と聞いてあまりいい印象を持たれない方もいるかもしれません。ですが、学生調査は、地域外にいる若者とのつながりをつくる一つのチャンスにもなりえます。また、調査へ協力をするなかで、自分たちも知らなかった地域のことを発見できるかもしれません。地域での調査によってでき上がった論文などの成果物は、受け入れる地域と調査する学生の合作でもあり、そのプロセスは学生にとっての大きな学びと成長の時間に、また地域にとっての喜びになりえるでしょう。

（小林悠歩）

学生 習 涯 だより
No.25

飯山の文化財

自然のめぐみ　山菜

飯山は山菜の宝庫です。春の訪れとともに山菜が次々と芽吹きはじめると、食卓にたくさんの山菜料理が並ぶ家庭も多いと思います。山菜は、春だけでなく一年中楽しめるように干したり、塩漬けなどにして保存されます。こうした先人たちの工夫の積み重ねが食の技として受け継がれ、郷土食として伝えられています。飯山の山菜の豊富さ、おいしさは雪国の自然のめぐみです。

鳥取発→西大滝行き　小林悠歩に聞く

西大滝と出会って

小林悠歩（ゆきほ）

西大滝は、なぜかなつかしく、その美しい景観に引き込まれていった

今、日本全国にこういった場を作られる地域はいくつあるのだろうか

2015年9月、なべくら高原・森の家でのインターンシップがきっかけで岡山地区にある西大滝という集落に出会った。当時、私は鳥取で大学院生として農山村の地域づくりについて学んでいた。初めて訪れる西大滝は、なぜかなつかしく、その美しい景観に引き込まれていった。その後、西大滝で修士論文の調査をさせてもらうことになった。なるべく多くの人とお話がしたいと思い、行事に合わせて西大滝に通うようになった。通っていくうちに、少しずつ西大滝のみなさんとの関係が深まっていくのを実感した。帰る時にいつもおにぎりを握ってくれる母ちゃん。帰りの電車でそのおいしいお米を噛みしめながらいろいろな思いがこみ上げ、頭の中がぐちゃぐちゃになる。

道普請や祭礼、運動会など実際に体験することで、集落の暮らしやそこに住むみなさんの考え、習慣を肌で感じることができた。知らないことばかりで、私には西大滝のみなさんが先生のようであった。運動会の懇親会は、性別も年齢も関係なく、みんなでワイワイ。地域の仲間たちでこんなに素敵な場が作られるということに感動してしまった。今、日本全国にこういった場を作られる地域はいくつあるのだろうか。

また、西大滝に行くとお茶やお酒を飲む機会が多い。それにはやっぱり意味があって、人が顔を合わせてじっくりお話をする大切な時間を作っている。スマホやパソコンの画面に向かいがちな自分の生活は、心を貧しくさせてしまいそうだとハッとなる。心豊かな生活が西大滝にはあり、こういった地域はこれから貴重になってくる。

私は西大滝への思いは強いけど、そこには住んでいない。そのことに後ろめたさを感じつつも、住んでいないからこそできること、役割があると、この1年半で感じてきた。私は西大滝に外の風を送り続けられる、そんな存在でありたい。

西大滝に外の風を送り続けられる、そんな存在でありたい

著者紹介
小林さんは今春、鳥取大学を卒業されるまで何度となく通われ、区民からも親しまれ西大滝の表も裏も見て行かれました。

図1　飯山市報に書かせてもらった記事

3. 受け入れ地域からの声

西大滝の方々に学生調査を受け入れていた期間のことなどを振り返ってもらいました。2019年11月に10名の方々に現地でお話を伺った内容を項目に分けてご紹介します。地域外から西大滝に関わるほかの若者の声も入れています。実際に受け入れを経験した地域のみなさんの声を参考に若者を地域で受け入れることをよりリアルに感じてもらえたらと思います。

西大滝ってどんな地域?

西大滝住民

今の西大滝は**文句を言う人もいなくなった。**世代交代が進み、わけしょ組のメンバーを中心とした、50 歳代、60 歳代が次第にむらの中枢を担いつつある時期。

相手が何歳だとか意識せずに話している。○○くんなら○○くん、○○ちゃんなら○○ちゃんという一人の人間として接している。

西大滝住民

地域外から
西大滝に関わる若者

西大滝は一人一人の個性や違いに対して拒絶しない雰囲気がある。**寛容さと、新しく人が来たときの好奇心がものすごくいい作用をしていると思う。**よほど入ってくる人が拒絶反応を起こさない限り、絶対に引き込まれていくところだなって思う。

少子高齢化のなかでお互い手を携えないと存続していかない。**自分たちでできることは自分たちでやるという風土がないと。**行政を頼りにしていてはダメ。

「わけしょ組」の存在も大きい。**一人で全て動かすのは難しく、お互い認め合っている仲間たちがいたから、抵抗なく進められた。**

＊歓迎会や飲み会などはわけしょ組のメンバーが主に企画してくださることが多いです。

西大滝にとって調査をする学生はどんな存在?

外から来た人に対してのハードルを下げてくれたっていうのはあるんじゃないかな。それって地域に入る回数だと思う。

準住民みたいな感覚。それは 4 年という歳月なんだろうな。「お～また来たんかね」って感覚になってくる。

特別なお客さんって気持ちもないし、もう友達とか、西大滝の仲間と一緒にいる感じ。普段のありのままで接している。そのなかで思ったのは「うちらと一緒に何かしましょう！」というほうがやっぱり受け入れやすい。上から目線で来られたらむらの歴史とか今まで自分たちがやってきたこと（むらの役や清掃活動など）を一気に否定されているみたいな感じになって、それは田舎の人は嫌なんだよね。

調査していくなかで、**意外に住民が聞きにくいようなところにも入って行ってて、それを後から聞くと「へ～あの人はそういう考えだったんだ～」みたいなことも知れる。**直接むらの人に言われたらカチンとくるかもしれないけど、クッション役になってくれてて、いいものが生まれている。

学生が地域に滞在しているときはどんな気持ち?

手取り足取り一緒に何かしようと思ってないし、全て面倒みるつもりもない。**あまりそうくっつく必要もないし、そう離れる必要もない。**調査してもらってその情報を地域づくりにいかせるかな～って思っていた。外目線は本当に大事で、中にばっかりいるとどうしても見えることも見えなくなることがあるので、そこを打破しない限りは新しい取り組みなんかできない。

調査後も西大滝に行っています。それについては?

調査後も来てくれることはありがたい話。それは目指していることでもある。不定期でもいいので、顔を出してくれたら喜ぶ。そうじゃないと今までのつながりとか、過程は一体何だったの？って思ってしまうので、地域としてもこれから人を受け入れにくくなってしまう。

西大滝には住んでいない若者が地域に関わることについてどう思う？

当然住んでもらうことにこしたことはないんだけど、現実的には自分の息子や娘も地域にいないくせにそこばっかり期待してもダメ。そうじゃなくて、**通ってくれて、話してくれて、それでパワーもらえれば十分**なので、それができる環境だったり、人間関係をつないでいく術・方策をつくるっていうのが当面の課題。

西大滝住民

西大滝住民

自分の好きなところだけ来るのはあまり受け入れられない。集落の清掃活動や除雪など大変なところにも来て、楽しい季節にも来て、それで一人の地域へ関わる人が成り立つんじゃないかな。**いいも悪いも一緒にやってほしいな。**

別に住まなくたっていいんじゃないの？せっかく来てくれるんだから大事にしようっていう思いはあるんさ。**いろんな関わりがあるから、いろんな意見も聞けたり、言ったりできるんだろうからさ。**

西大滝住民

西大滝住民

今お祭りの笛を吹いてくれている地域外から来る２人の若者もいる。それまで笛を吹いていた住民もその２人が加わることによって、また一生懸命やるようになったりと少なからず**小さな変化が生まれている。**また、その人が知り合いの人を西大滝に連れて来たりと、**人が人を呼ぶ連鎖も起こっている。**

むらから出て行った子どもたちの協力体制がないと、今はほとんどやっていけない。その流れが次第に出身者でない地域外に住んでいる人たちに変わっていくんだろうな。一緒になって活動してくれる人なら、親しくもなる。**何か一つやるにしても大勢でやれば楽しくなったり、にぎやかになったり、そういうきっかけになる。**

西大滝住民

年齢関係なく、ほかの土地柄のところで生きている人が入って来るのはすごい刺激。**日常をちょっと変えてくれる新しい調味料みたいな感じ。**

地域外の若者を受け入れるにはどんなことが必要?

それぞれ生活圏が違うので、話すときの話題が難しいこともあるけど、逆にその人たちの意見や考え方を聞いてみることもあってしかるべきかな。話をしていてプラス面ばかりではないと思うので、マイナスのところを受け入れるだけのお互いの度量がないと話は成り立たないと思う。**お互いとけこむような努力というものが当然必要になってくるんだろうな。**

1人でも2人でも思いを持って中心になる人がいないとダメ。誰かがやってくれるみたいなことでは事は進まない。

仲介をする人が大事。地域の中で信頼のある人が仲介しているのであれば、何となくいい人が来るんだな〜という印象が周りのみんなにもできている。地域内で**話し合いもあるといいと思います。**

あんまり**「昔からこうだ」とか、そういう話の仕方はやめたほうがいいな〜。**歴史を語るのならいいんだけど、「昔はこうだ」、「今はこうだ」というのは…。

一番大事なのは何があっても楽しむこと。来る人も受け入れる人も楽しくないと！

地域外から
西大滝に関わる若者

入る側としては住民の方に失礼があっても、嫌な思いをさせてもいけないと思うから、扉を開けてもらえると少しずつ入れる。例えば、何か終わった後に「気をつけて帰れよ」という一言のような、**来た人を気にかけてくれる土壌や雰囲気がうれしい。**

外から人が入ってくる機会が多ければ多いほど、受け入れ側もそれに慣れる。**慣れるってことも大事だと思う。**

西大滝住民

西大滝住民

チャンスをつくってくれる人、地域でおせっかいを焼いてくれる人も重要だと思う。それに対してみんなが一枚岩で賛同するわけでもないだろうけど、いろいろな側面で「これは自分ができるかな～、これはちょっと勘弁してもらおうかな～」と**自然と地域で役割分担をする雰囲気になる。**

結局、**来た人から得るものって地域の人次第なんだろうな。**最初勘違いしてたのは、その人たちが学校あげてむらを助けてくれるのかと思っていたけど、そうではなかった。そうすればなおのこと、自分たちがそこから何かを得て、何かそこから生まれるものってあるんじゃないかな。

西大滝住民

（小林悠歩）

早わかりポイント

○大学生の調査の多くは、学生の関心にもとづいて学生の発案から行われます。それを単に受け身で受け入れるだけではなくコミュニケーションをとりながら、学生をいかすことを考えてみましょう。

○特別に何かをするのではなく、普段のありのままで接することがベターです。とはいっても、地域では右も左もわからない大学生。地域でおせっかいを焼いてくれる人もやっぱり重要です。

○不定期でもいいので、調査の後も顔が見られたらうれしいものです。そういったお付き合いになるにはどうしたらいいでしょうか?

注

1） 日本私立大学協会付置私学高等教育研究所プロジェクト「私学学士課程教育における“学士力”育成のためのプログラムと評価」『第二回学士課程教育の改革状況と現状認識に関する報告書』、2011 年 8 月. https://www.shidaikyo.or.jp/riihe/result/pdf/p4_002.pdf（2020 年 7 月 25 日閲覧）
2） 西大滝には過去に青年団が存在していましたが、人数の減少などを理由に 30 数年前になくなってしまいました。その後、若者がむらのことを話す場がほしいということで「わけしょ組」ができました。「わけしょ」とは北信地方の方言で「若者」という意味。主な活動としては、月に 1 回の定例会、年に 1 回の西大滝文化祭の主催、メンバーで行く隔年の旅行です。定例会では世間話から区をよりよくするための話し合いなどさまざまな話が飛び交います。現在メンバーは 20 歳代から 60 歳代の男性と年齢層は幅広いです。
3） 「耳団子」とは、米粉をこねて蒸し、そこに青豆や黒豆などを練り込んで耳の形にしてつくられたもの。長野県内ではお釈迦様の入滅の日（2 月 15 日）にさまざまな形をした団子をお供えします。

地域に入る授業

―先生との事前相談からはじまる安心感―

1. 地域に入る授業とは何か

全国の大学で、新たに地域学系学部が誕生しています（表 1）。このような大学では地域課題に対峙するため、そして地域における個性や魅力をいかした持続的なシステムをつくるため、地域に出ての実践的な授業が求められています。地域に出ての実践的な授業のことを「フィールドワーク」といいますが、その中身は一様ではありません。

例えば表 2 のようにフィールドワークを「見学型」、「作業型」、「探究型」と 3 つに分けることがあります。見学型は、案内者のガイドに従いながら観察したり解説を聞いたりするもので、学生は地域の状況を認識して、そのメモや記録を取ることが重点的な活

表1　地域学系学部一覧（抜粋）

	名称	設置年度		名称	設置年度
国立大学	北海道教育大学函館校国際地域学科	2014	公立大学	新潟県立大学国際地域学部	2009
	山形大学地域教育文化学部	2005		高崎経済大学地域政策学部	1996
	宇都宮大学地域デザイン科学部	2016		福知山公立大学地域経営学部	2016
	金沢大学人間社会学域地域創造学類	2008		奈良県立大学地域創造学部	2001
	福井大学国際地域学部	2016		北九州市立大学地域創生学群	2009
	静岡大学地域創造学環	2016		長崎県立大学地域創造学部	2016
	岐阜大学地域科学部	1996	私立大学	札幌大学地域共創学群（北海道）	2013
	鳥取大学地域学部	2004		東洋大学国際地域学部（東京都）	1997
	高知大学地域協働学部	2015		大正大学地域創生学部（東京都）	2016
	佐賀大学芸術地域デザイン学部	2016		愛知大学地域政策学部（愛知県）	2011
	宮崎大学地域資源創成学部	2016		追手門学院大学地域創造学部（大阪府）	2015
	琉球大学国際地域創造学部	2018		九州産業大学地域共創学部（福岡県）	2018

2020 年 7 月現在（筆者作成）

表2　フィールドワークの類型

見学型フィールドワーク	教員や専門家のガイドについて行き話を聞く
	学生のガイドについて行き話を聞く
作業型フィールドワーク	教員が構想したフィールドワークで、学生が観察やインタビューなどを行う
	学生と教員が協力してフィールドワークを構想し、観察やインタビューなどを行う
探究型フィールドワーク	学生が自らの調査にもとづき課題を設定し、教員の支援と助言の下、自ら取り組む
	学生が自らの調査にもとづき自己省察的な探究課題を設定し、教員の支援と助言の下、自ら取り組む

注 1）を参考に筆者作成

動になっています。作業型は、案内者のガイドや誘導はありつつも、学生がインタビューなどの作業に主体的に取り組みます。活動する際の視点や目的は教員が構想し、課題志向を意識することが多いです。そして探究型は、地域と大学内での活動を交互に展開することを想定する、やや長期にわたるフィールドワークです。学生自ら地域をさまざまな方法で調査し、理論的な見方・考え方や省察する能力を身に付けることが目的とされています。まず、地域の資料を収集するとともに、少人数のグループでの中間発表や共同作業を通じて、情報を共有しながら課題設定を明確化していきます。教員は学生に対して活動の支援と助言を行いますが、内容の判断や課題の設定は学生や地域の関心や認識に従ってなされます。

このように学生が地域に入る授業にはいくつかのタイプがありますが、受け入れる地域が主体的に関われるタイプは探究型になります。そこで鳥取大学地域学部で行っている、地域に入る探究型の授業である「むらおこし論」を例に、その受け入れの実態をみてみましょう。

むらおこし論という授業は３年生の選択科目で農山村の地域づくりに関心がある学生が受講をする科目です。ワークショップなど地域の人たちとの意見の共有をするスキルを身につけたうえで、数日間の泊まり込みの活動を行い、地域の方々の要望に応じたテーマでワークショップを展開して、そのうえで提案を行う、約１年間かけて行う授業です。これまで行ってきたテーマと受講生の人数は表３にある通りです。

表3　むらおこし論のテーマと参加学生数

年度	テーマ	学生数
2006	日南町大宮地区におけるむらおこしSWOT分析を実施	9人
2007	日南町におけるデジタル地域資源マップ・登山マップを作成	11人
2008	日南町大宮地区における地域資源マップと四季暦を作成	6人
2009	大宮ガイドブック『里山おおみや』の原稿作成	10人
2010	「大宮里山まつり」の改善案の検討	5人
2011	ヘルスツーリズムを目指したウォーキングコースの実証的検討	12人
2012	「食・健康・運動」を中心とした地域づくりの検討	11人
2013	集落食堂の企画立案と住民の生きがいの実態調査	12人
2014	映像資料とStoryMapの作成を通じた生きがいづくりの検討	16人
2015	大宮地区でのまちづくりの成果と地域の未来構想	16人
2016	大宮まちづくり協議会の将来を探る	5人
2017	大宮のキャッチコピーを考えよう！	7人
2018	大宮を深める・大宮を広げる一自治会の魅力再発見 &大宮「関係人口」試論 ―	9人
2019	大宮出身の方々との新しい関わり方を考える一大宮の「関係人口」を探る ―	8人

（筆者作成）

（筒井一伸）

2. 地域に入る授業の実際をみてみよう

(1) 鳥取県日南町大宮地区の概要

鳥取県日南町は県西部の山間地に位置し、島根県、広島県、岡山県と接する中国山地のど真ん中にあります。面積340.96km^2、人口4,427人で高齢化率は50.8%（2020年6月末）。多分に漏れず、中国地方の過疎の町です。日南町は昭和の市町村合併以前の旧町村が7つあり、その一つが今回の舞台の大宮地区です。大宮地区は面積55.77km^2、人口が290人（2020年6月末）。2020年6月末の高齢化率は約60.7%で80歳以上が約3分の1と、日南町の中では最も高齢化が進んでいます。印賀平野（写真1）を中心に大正時代までは「たたら製鉄」で栄え、全国に名をはせた「印賀鋼」の産地でした。印賀（いんが）、折渡（おりわたり）、宝谷（たからだに）、菅沢（すげさわ）の4つの自治会がありますが、どこも高齢化が進み地域活動が衰退気味でした。

写真1　大宮地区の様子

そのこともあり、日南町では既存の自治会とは別に、地域の諸問題の解決に向けて地域住民が主体的にまちづくりに取り組むあらたな自治組織としてまちづくり協議会を2005年から各地区に設置をはじめました。大宮地区では2006年4月に大宮まちづくり協議会（以下、まち協）を設置しました。

(2) 授業の受け入れ経緯

それと時を同じくして、鳥取大学地域学部地域政策学科の先生からむらおこし論という授業の現地実習を私たちの大宮地区で行いたいとの相談が来ました。前年の2005年に日南町役場が行った「むら歩きツアー」のガイドボランティア育成事業に、この授業の担当の先生が関わっておられ、そこで知り合ったのがきっかけでした。授業を行いたいという話は日南町役場から4自治会長には話がありましたが、実際には役場が管理をしていた日南町公民館大宮支館の建物と、町と大学とで利用について申し合せられていた旧大宮小学校（鳥取大学・日南町地域活性化教育研究センター）が利用されることになりました（写真2）。

授業は宿泊を伴い、調査やワークショップなど実践活動を含むものなので夏休み期間中の２泊３日ないしは３泊４日でした。近年では大学の授業や試験が８月のお盆前までずれ込むようになってきており、夏休みに入った直後はお盆の帰省時期、９月に入ってからも日程調整は難しいものです。大宮地区は標高 450 mの山間地にありながら、印賀平野と呼ばれる盆地には水田が広がっています。したがって９月は稲刈りシーズン。大学の都合や受け入れ窓口となっているまち協のスケジュールや自治会スケジュールだけではなく、地域の多くの人が関わる農作業シーズンということもあり、稲刈りを気にしながら日程を決めていました。

受け入れにあたって最初は、まち協や自治会が中心になって行ったのではなく、地域の女性グループが中心でした。野山のつる、木の実など身近な地域資源を使って、リースづくり・小物づくりなど各種体験活動を活発にされていた女性グループ「つくし工房」（写真３）の４名の方々が食事の世話とお風呂の世話をかって出てくださいました。また先生から相談をされた授業のテーマは「大宮地区の地域資源の調査」。そこでつくし工房のメンバーのお一人のお父さんが、地元のシンボルでもある印賀宝篋印塔（ほうきょういんとう）[注2)]の管理をされておられたこともあり、学生に話をしてもらうことになりました（写真４）。ですのでこのときは大学が行う授業の“お手伝い”

写真２　旧大宮小学校（大宮地域振興センター/鳥取大学・日南町地域活性化教育研究センター）

写真３　空き家を利用したつくし工房
（現在は大宮地域振興センターの一角に移転）

写真４　地域の方からお話を伺う学生

という様相で、関わった地域住民は5名から6名とごくごく少数でした。

(3) 受け入れの実際―寝る、食べる、そして風呂―

2008年のことでしたが、まち協事務局からまち協の一つの部である自治推進部に「鳥大生が地域実習に来るので対応してもらえないか」との依頼を受けました。当時の自治推進部の部長によると、そのときは何のことかよく分からないまま、学生の実習の手助けになるのなら引き受けざるを得ないだろうと思ったそうです。ただ、当時自治推進部は「ふるさと賛助会員」の募集と大宮からの情報発信に力を入れていましたので、自治推進部の活動というより部長の個人的な対応で進みました。

2009年度になって鳥取大学の教員と打ち合わせをするなかで、自治推進部のアイディアで、まち協とむらおこし論の授業学生とがタイアップして、大宮地区のガイドブックを作成することになりました。もともと自治推進部ではガイドマップの作成をその年の活動の一つにしていましたので、学生にもそのことを伝え、外部の人の視点でマップづくりに協力してもらいたいとお願いしたように思います。しかしこれは前年のように部長一人では対応できないと、自治推進部員や地域の方々に声をかけて協力を求めました。最初の取り組みは9月25日から27日の2泊3日でした。25日には、男子学生8名、女子学生2名と自治推進部員との意見交換会を実施、翌日は大宮4自治会の現地での説明会を行い、このときは5名から6名の方に地域の特色などを説明してもらいました。地域で開催された報告会（この年は、12月に実施）には、当時のまち協会長をはじめ15名程の地域住民が参加をしました。地元の人間が見落としていたり、気がつかなかったりしていたことを指摘され、大変新鮮な思いで発表を聞きました。特に、マップづくりでは、トイレの場所や駐車場を明示したほうがよいという指摘に、大いに納得させられました（図1）。そしてこのとき、学生たちの力をまちづくりの活動に活用させてもらうことが、我々にとっても大変有意義なことだと感じたわけです。

そして完成したガイドブック『里山おおみや～わたしたちの郷土～』という冊子は、多くの地元住民の力の結集ででき上がったものですが、学生たちも空中写真、地形図などの空間情報を用いて「地域の変化」を明らかにするテーマで「地図と空中写真で見る大宮の変遷」、もう一つのグループは「『地域の記憶』の記録」のテーマでワークショップを企画し、住民の方々の「地域の記憶」を呼び起こして「はんぞう爺が語る大宮の記憶」（図2）という形で寄稿してくれ、より充実したガイドブックとなりました。そのこともあり35名近くの地域住民が関わってくれるまでになりました**【☞ヒントは9章「活動**

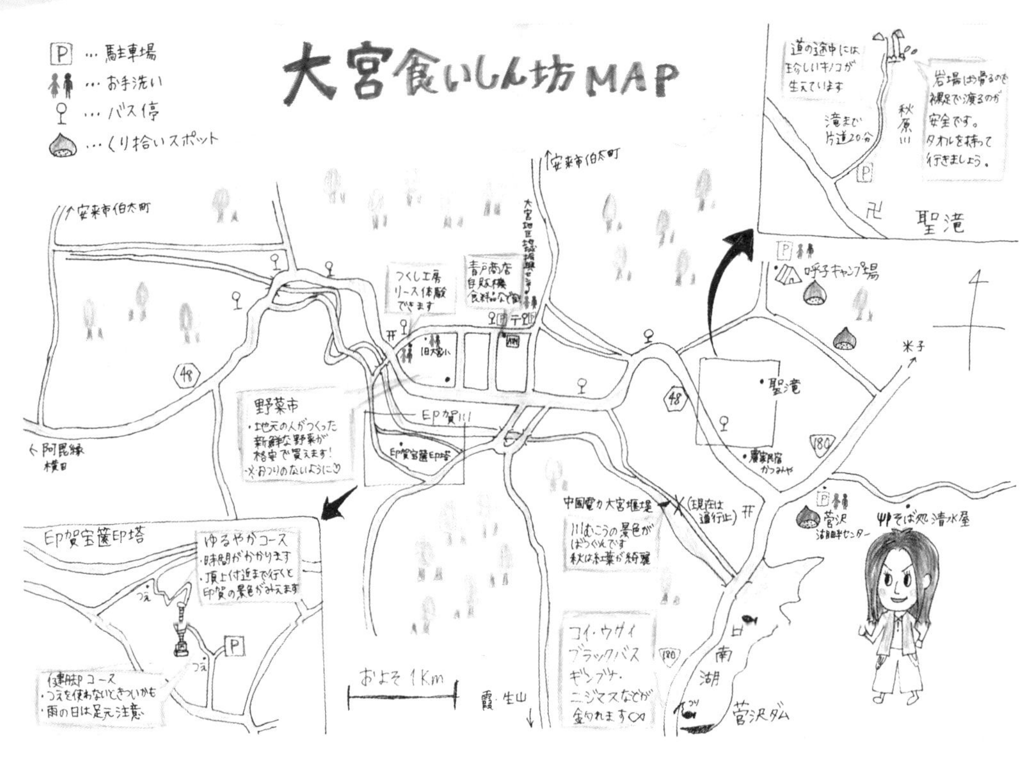

図１　来訪者に必要なトイレの場所や駐車場が明示されている学生作成の地図

編②〜調査・研究〜」へ】。

このように授業内容とまち協活動がうまくつながりはじめ、活動は充実してきました。しかし、少なくはない学生の受け入れをするとなるとそれなりに大変です。移動は大学の先生がマイクロバスを運転していらっしゃるにしても、まず宿泊場所を考えなければなりません。大宮地区の中には宿泊施設がなく代替をしていく必要があります。幸い、大宮生活改善センターとしてつくられ日南町公民館大宮支館（現在は印賀自治会館）には調理室およびトイレ、そして畳敷きの和室とがありましたのでそちらで宿泊場所は確保ができました（写真５）。しかし宿泊を想定した施設ではなかったの

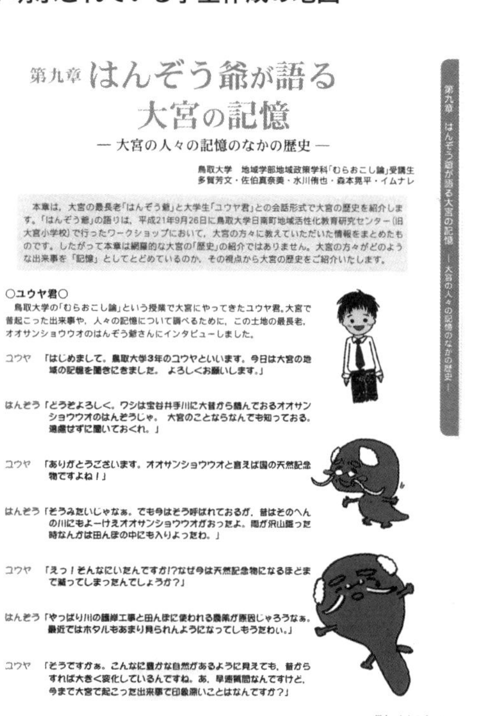

第九章 はんぞう爺が語る大宮の記憶
— 大宮の人々の記憶のなかの歴史 —

鳥取大学　地域学部地域政策学科「むらおこし論」受講生
多賀芳文・佐伯真奈美・水川侑也・森本晃平・イムナレ

本章は，大宮の最長老「はんぞう爺」と大学生「ユウヤ君」との会話形式で大宮の歴史を紹介します。「はんぞう爺」の語りは，平成21年9月26日に鳥取大学日南町地域活性化教育研究センター（旧大宮小学校）で行ったワークショップにおいて，大宮の方々に教えていただいた情報をまとめたものです。したがって本章は網羅的な大宮の「歴史」の紹介ではありません。大宮の方々がどのような出来事を「記憶」としてとどめているのか，その視点から大宮の歴史をご紹介いたします。

○ユウヤ君○
鳥取大学の「むらおこし論」という授業で大宮にやってきたユウヤ君。大宮で昔起こった出来事や，人々の記憶について調べるために，この土地の最長老，オオサンショウウオのはんぞう爺さんにインタビューしました。

ユウヤ　「はじめまして。鳥取大学3年のユウヤといいます。今日は大宮の地域の記憶を聞きにきました。よろしくお願いします。」

はんぞう「どうぞよろしく。ワシは宝谷井手川に大昔から棲んでおるオオサンショウウオのはんぞうじゃ。大宮のことならなんでも知っておる。遠慮せずに聞いておくれ。」

ユウヤ　「ありがとうございます。オオサンショウウオと言えば国の天然記念物ですよね！」

はんぞう「そうみたいじゃなぁ。でも今はそう呼ばれておるが，昔はそのへんの川にもよーけえオオサンショウウオがおったよ。雨が沢山降った時なんかは田んぼの中にも入りよったわ。」

ユウヤ　「えっ！そんなにいたんですか!?なぜ今は天然記念物になるほどまで減ってしまったんでしょうか？」

はんぞう「やっぱり川の護岸工事と田んぼに使われる農薬が原因じゃろうなぁ。最近ではホタルもあまり見られんようになってしもうたわい。」

ユウヤ　「そうですかぁ。こんなに豊かな自然があるように見えても，昔からすれば大きく変化しているんですね。あ，早速質問なんですけど，今まで大宮で起こった出来事で印象深いことはなんですか？」

第九章　はんぞう爺が語る大宮の記憶　— 大宮の人々の記憶のなかの歴史 —

里山　おおみや　43

図２　『里山おおみや』の1ページ

で布団は常備してありません。そこで当初は、日南町内で布団を所有している他地区に先生に借りに行ってもらいました。町内といえども布団を貸してくれる多里地区までは、山道を片道40分ほど。30km弱離れたところまで毎年借りに行く姿を見て、女性グループの一人が布団を10組寄付してくれました。

写真5　宿舎として使用した印賀自治会館

寝床が決まったら次は食事です。大宮地区では1993年から現在まで約25年間、独居の人たちに対して、4つの女性グループが手づくりの弁当をつくり、男性のボランティアが配達をする「ボランティア給食」の活動がありました。そこで食事はボランティア給食のグループで引き受けることになりました（写真6）。もちろん学生自身が調理室でワイワイ食事をつくるのも楽しいものでもあるので、先生と相談をしておおよそ半分はボランティア給食のグループで、残りは学生による自炊となりました。もっとも多かった年で学生が16人もいたのですが、そもそもボランティア給食は約30人分をつくっているので、つくる量が多いというのはあまり気にならなかったとのことです。むしろ、調理するのが印賀自治会館の調理室。ここは学生たちが寝ている和室とふすまをはさんで隣の部屋。そのため朝6時くらいから朝食づくりをするのに、学生たちを起こさないよう気を使ったそうです。

写真6　給食グループによる朝食準備の様子（印賀自治会館調理室）

そして、現在も課題であるのはお風呂問題です。学生たちは初秋に調査やワークショップなどを行うため、朝晩は涼しい大宮でも昼間は汗ばみます。しかし宿泊場所にしている印賀自治会館には風呂どころかシャワー施設もありません。幸い、食事をつくってくださっていた女性グループのご家庭のお風呂を貸してくださるということで対応していました。お風呂を貸すこと自体にはみなさん抵抗はないといってくださいますが、例えば学生が10人いたら、全員が入るのに2時間は優に超えます。家庭用のお風呂であるのでいっぺんに入れないということもありますし、最近の学生は一人一人がゆっくりお風呂に入るようでもあります。そうなると3日間毎日、家庭のお風呂を貸すということはできず、車で30分ほど走って県境を越えた島根県奥出雲町にある温泉施設に入浴に行ってもらったりもしています**【☞ヒントは９章「宿泊・生活環境編」へ】**。

(4) 分散と拡散—役割を散らす、関わりを広げる—

このように授業内容に関わる地域での活動の部分についてはまち協が中心的に関わるようになってきていましたが、衣食住といいますか生活の部分については一部の女性有志の方々におんぶにだっこになっていました。そのことを2006年に兵庫県尼崎市から移住して、2008年からまち協に関わっていた現在のまち協会長が女性グループの中心的な方に「××さん、やりすぎやで」と一言。この方は給食グループによる学生の食事当番や入浴をそれぞれの家庭に依頼、そして布団を寄付してくださった方でした。この一言で、まち協でも学生の生活部分についてもサポートするようにし、少数の特定の方にかかっていた役割が分散しはじめました。

例えば風呂についてはゆきんこ村四季彩という隣の地区にある交流施設にまち協が交渉して日帰り入浴をさせてもらえるようにしましたし、恒例となっていた学生と地域住民との交流会の食事についても仕出し料理を取り寄せるようにし、それまで料理をつくるお世話をしてくれていて、交流会の場ではなかなか学生と交流できなかった女性グループの方々も交流の輪の中に入れるようにしました**【☞ヒントは９章「交流会編」へ】**。

一方、学生が活動していることを広く周知するために、例えば報告会の声掛けはまち協役員から自治会を通して周知をしてもらうほか、全世帯チラシの配布をしています。またまち協で発行して、もともとは大宮出身者の方々へ送っていた「ふるさとだより」を地区内に各戸配布するようにして、そのなかで大学生が来て活動していることを広く知ってもらうようにしています。また日南町内で放送されるケーブルテレビ「チャンネル日南」でも取材をしてもらい、特に報告会後には学生へのインタビューも組んでくれているなど、地区内だけではなく日南町全体にその活動を知ってもらうようにしています。

これらの周知がどの程度の効果があるかはわかりませんが、回覧板とともに回って

写真７　かつての大宮地域振興センター（現在の印賀自治会館）の入り口に掲げられた黒板には「鳥取大学一同」の文字

くるチラシなどは地域の人たちは比較的よく目を通しますし、地域住民が比較的目にする場所でもある、まち協事務所が入っている大宮地域振興センターの玄関にある黒板に学生が来ることが明示されたりもしているため、学生が授業で大宮に来ていることは比較的知れわたっているのではないでしょうか（写真7）**【☞ヒントは9章「人間関係編」へ】**。

そのため学生が地区の中を歩き回ったりしていることを嫌がる地域住民はなく、むしろ行事が限られる大宮地区の中では、一つの恒例行事になっているのではないかと思います。

(5) 授業を通した学生の受け入れが地域に残したもの

授業を通して学生を受け入れることは、「先生」という責任者がいる分、安心ではあります。しかし学生とのじかの交流、さらに地域課題の解決に向けた具体的な成果は一朝一夕には得られません。この授業に関わっている人たちは大なり小なり学生が入ることに肯定的ではありますが、まち協役員のなかでも温度差はあり、こんなことをやって何の意味があるのか、はっきり言う人もいます。具体的な成果がなかなか生まれないことに対する不満です。さまざまなところで切羽詰まっている人たちは学生に“答え”を求めたがりますし、報告会で手厳しい意見も出ます。私たちも報告会、報告書だけでいいかと考え、学生に何回かイベントや行事に参加してもらいましたが、学生に何をやってもらうかを考えるのは意外と大変ということにも気づきました。

また授業ですので毎年毎年学生は入れ替わります。一見すると地域住民側が飽きないかと思われるかもしれませんが、意外と学生たちは視点も違うので面白いです。例えば学生と近い世代の高校生を集めてワークショップをする企画もつくってもらいました。といっても日南町には高校がなく、多くの高校生は下宿をしたりしています。そのため時間を調整して、その親御さん（＝あまり鳥取大学との連携の活動に関わっていない）も交えた交流会（もちろんこのときばかりはノンアルコール！）も行ったりしました。高校生を集めて行ったワークショップ企画などはまち協メンバーでは考えもしませんでしたし、そこから高校生が考えていることに気づけたのはよかったです。

そして、私たちが意識してきたのは「若者」ではなく「学生」を受け入れてきたということです。若者としてしまうと、即戦力的な体力・活力に期待したいというのが先に立ちます。もちろん私たちはそこにも期待したのですが、それよりも「学生」としてしっかり大宮という地域で「勉強」をして育って、少し先でいいので役に立ってもらいたいという思いが強くあります。

むらおこし論という授業を受け入れて 14 年が経過しました。そのなかで、この活動に関わった地域住民が持った学生への印象や思いを記しておきます。

毎年、学生の中に印象に残る人はいるのですが、年齢のせいでしょうか、ワークショップや報告会などで話す時間は短く、長く覚えてないようです。そんななかでは、2011 年の夏から、ワークショップ、報告会に来た学生をよく覚えています。現在地元テレビ局で働いている彼は、卒業論文にも過疎地を取り上げ、私宅にも数回にわたって来てくれました。今でもテレビで顔を見るたびに思い出し、元気で頑張っている姿を見ると、とっても楽しみとなっています。

70 歳代男性

70 歳代女性

交流がはじまったころ、入浴に 4、5 人のグループで来られましたが、一人ずつ入浴するので、全員が済むまでにかなり時間がかかります。その待ち時間を利用して、みんなでお茶やお菓子をつまみながら、おしゃべりができたので、それはそれで、楽しい思い出となりました。話に花が咲き、宿舎に帰るのが遅くなりお迎えに来られたこともありました。

毎年、やって来てくれる学生さんたちは、少なくて 3 名から多くて 13 名程度ですが、十人十色で個性あふれる人たちばかりです。それも全国各地から、いや、アジア地域の学生さんもいました。そう多くはない時間を割いて大宮にやって来てくれる学生さんたちには、感謝でいっぱいです。私自身にとっては、ここ近年大宮まちづくり協議会の担当者として、学生さんたちと関わりをもってきました。おとなしいがじっくり考え、応答してくれる人、明るくしゃきしゃきと応えてくれる人、これからの夢を語る人、それぞれに個性豊かな学生に出会い、私自身も刺激を受け、心豊かになりました。

60 歳代男性

60 歳代男性

私が小学生のころ（50 年位前）に鳥大生の方と楽楽福（ささふく）神社で一緒に遊んだこと、我が家で入浴されていたこと又近年では、鳥大生が宿泊され、当時無名であったヒメボタルをみて感激の涙を流されていたことを思い出しました。そうしたこともあり数年前に、入浴依頼があったときも、喜んで受けさせていただきました。さて当日入浴に訪れたのは男性数名でした。ビールを飲みながら話がはずみ、女性の方が迎えに来られるまで楽しんでいた思い出があります。私の職業（JA）のことなども話していたのですが、その中の 1 名が、就職が全農に決まったことを聞いて頼もしくうれしく思ったしだいです。彼とは、現在も仕事の関係で会うこともあり、大宮のこと、仕事のことなど語り合う仲になっています。

このように大宮で経験した学生が活躍しているのをみるのが楽しみですし、地元の人間として、学生たちと少しは絆ができたのではないかと思います。また、過去10年間に来られた学生の「大宮での思い出」アンケートの中に地域の方々の個人名が出てきたと知ったときは、大変うれしく思いました。少しは、地元として、貢献できたかなと実感しました。

可能な限り学生の視点や考えをいかしたまちづくり活動に努めたつもりですが、当初考えていた学生たちの勉学のお手伝いという意識ではなく、学生が学んでくれたことを我々の地域づくりにいかしていくという視点が大事だと思っています。そういう意味では、大宮まちづくり協議会が一体となって学生たちの活動を支え、しかもウインウインの関係を重視した取り組みが続いていることを、本来のあるべき姿だと好ましく思っています。

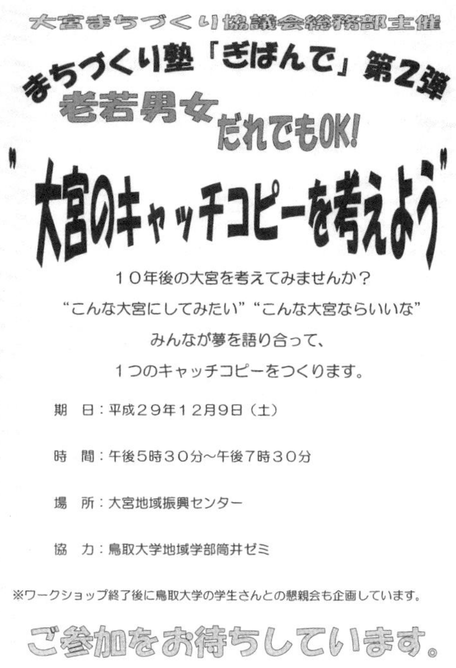

大宮まちづくり協議会総務部主催
まちづくり塾「ぎばんで」第2弾
老若男女
だれでもOK!
"大宮のキャッチコピーを考えよう"
10年後の大宮を考えてみませんか？
"こんな大宮にしてみたい""こんな大宮ならいいな"
みんなが夢を語り合って、
1つのキャッチコピーをつくります。
期　日：平成29年12月9日（土）
時　間：午後5時30分～午後7時30分
場　所：大宮地域振興センター
協　力：鳥取大学地域学部筒井ゼミ
※ワークショップ終了後に鳥取大学の学生さんとの懇親会も企画しています。
ご参加をお待ちしています。

図3　大宮まちづくり塾「ぎばんで」の告知

大宮のよさを語ってくれた学生たちは、14年間で約130人に上ります。学生さんたちのいろいろな方向から、いろいろな視点を与えてくれたワークショップを中心にした活動を、今後は大宮の地域おこしに役立てるのが私たちの務めです。このような学生の活動に刺激され、まち協では2017年から大宮まちづくり塾「ぎばんで」（図3）を立ち上げました。

「ぎばんで」とは、この地の方言で、がんばるとか努力するとか本気で力を入れるといった意味です。みんなで、"ぎばんで"まちづくりについて考える機会と場づくりを提供していきたいと思っています。まちづくりの主役は、住民です。大学生とのワークショップが、即まちづくりの活動であったり、活性化の取り組みにはなりませんが、地域の活性化の取り組みを実行するシステムの一つの歯車にしたいと思っています。

（青戸晶彦）

早わかりポイント

○授業の場合、学生は変わりますが授業内容はあまり変わらず、地域からみるとマンネリ化していきます。それを防ぐために、担当する先生と相談をしてテーマを少しずつ変えてもらうといいでしょう。

○またテーマに応じて、少人数でいいので新しいメンバーにも参加してもらうといいでしょう。特に地域の女性が関われるようにすると雰囲気が変わります。

○授業の拠点を、まちづくり協議会や女性グループが使ったりする、みんなが集いやすい場におくと、顔を合わせる機会が多くなり地域での認知も広がります。

注

1）池　俊介ほか（2020）：地理教育におけるフィールドワークの類型化に関する試論．早稲田教育評論 34（1）．

2）八幡山（はちまんやま）山頂にある石塔で、1357（正平 12）年の年号が見られ、南北朝の混乱期に、付近の武士団が自らの死後の冥福を祈るために建てた逆修塔と考えられています。1953（昭和 28）年に鳥取県の保護文化財に指定されました。

7章 はじめの一歩を踏み出そう

「若者と一緒に何かをしたい！」と思いながら、はじめの一歩をどう踏み出せばいいかを悩んでいる地域は多いはず。普段、自分たちの地域にはいない大学生などが来て賑わいをつくってくれればと期待は膨らみますが、実情は地域によってさまざま。また若者もスーパーマンではないので【用法】や【使用上の注意】を知らないと、その【効能】は十分に発揮されません。そこで実際に若者を地域で受け入れるという「処方」をする前に、地域の状況を確認する【問診票】に記入をしてもらったうえで、【効能】と【用法】、【使用上の注意】を確認し、最後に【同意書】もみておきましょう。

【問診票】

まず、地域の状況を確認するために、【問診票】を記入してみましょう。

問　診　票

No.

記入年月日　　年　　月　　日

受け入れを想定している範囲の地名(集落名など)	
人口・世帯数	
地域の誇り・長所・ウリ	

(1) 地域としてなぜ若者を受け入れたいですか？

(2) 地域としてどんな若者を受け入れたいですか？

(3) 若者の受け入れについて、地域の人と話をしていますか？

(4) 地域内外の協力体制はありますか？

【効能】

地域で若者を受け入れる一般的な【効能】は次の通りです。しかし【用法】や【使用上の注意】を知らないと「副作用」が生じる可能性があります。

1 地域で若者を受け入れることによって、「農村に興味がある若者ってどういう人たちなの？」というイメージがリアルになるのは確かです！

2 地域で若者を受け入れることによって、地域内の「ちょっとした変化」、「前向きな変化」が期待できます。

3 まじめで優秀な人が全てよいとは限らず、やんちゃでもちゃんと感動する、心を動かす若者とともに地域が活気づく傾向もあります。

【用法】

【効能】を最大限引き出すために必要な【用法】があります。受け入れ地域は以下のような準備をしておきましょう。

1 受け入れるための住民の人数、年齢構成、受け入れできる団体などをみて、余裕を持てる状態で行いましょう。

2 外との窓口になる人、地域内で調整する人、世話人、その他サポーターなどを考えていきましょう。必ず、女性にもメンバーに入ってもらいましょう。

3 改めて情報収集をしましょう。地域にこんな人がいたのか！こんな場所があったのか！など、意外に知らないことの発見があります。

4 負担が１人にかからないように活動を複数人でつくっていきましょう。地域に入る若者も気にかけてくれる人がたくさんいると安心します。近隣の地域にも支援してくれる人やグループがいるかもしれません。

5 何かあったときにアドバイスしてくれる専門家や受け入れ経験のある地域の方と知り合っておきましょう。

6 間に入ってくれるコーディネーター（調整役）のような人についてもらって一度、受け入れを経験してみるのも手です。

7 お金のやりくりについて考えておきましょう。行政のサポートを受けられるかもしれませんし、最近はインターネットを通して資金を集めるクラウドファンディングなどもあり、お金の集め方はさまざまです。

8 農山村ボランティア、地域に入るインターンシップ、学生の地域調査、地域に入る授業など若者の地域での受け入れ方はさまざまです。どのような受け入れをするのかを考えておきましょう！

【使用上の注意】

「副作用」を起こさないために、受け入れ地域が気を付けておいてほしい【使用上の注意】があります。それを確認しておきましょう。

1 とにかく労働力がほしいのであれば、アルバイトの方が適しています（ボランティアはただの労働力ではありません）。

2 若者に「若者らしい斬新な発想やアイディア」だけを求めないようにしましょう。地域にちょっと来ただけでそんなアイディアは生まれません。そもそも地域が元気にならないのは「よいアイディアがない」からではなく、別のところに原因があるのではないでしょうか？

3 「こういう課題があるから解決策を考えて」という丸投げはNG！若者“が”ではなく若者“と”○○をするという、ともに当事者という関係がベストです。

【同意書】

【効能】とそれを生み出すための【用法】、そして「副作用」を防ぐために【使用上の注意】を確認してもらいました。それでは地域で「若者と一緒に何かをしたい！」という思いに向かいましょう。そのために、地域のできる限り多くの方に確認してほしい【同意書】もみておきましょう。

同　意　書

下記の事項をご確認のうえ、チェック（☑）及び署名をお願いします。

□	自分たちでできることは自分たちでやる
□	入ってくる人に過度な期待をしない
□	できないことはできないと先にお互い意思表示をしておく（言いたいことはお互い素直に言おう！）
□	お客さん扱いはしない（おもてなしはほどほどに）
□	オープンな気持ちで若者との関わりを楽しむ
□	住民、入ってきた人との情報共有は大切に！

私は上記の事項を確認し、参加します。　　年　　月　　日

ご署名

●署名⇒代表者の署名ではなく、ここに署名できる地域の人の数をできる限り多くしましょう！

（筒井一伸・小林悠歩）

8章

学生が来るまでに“できるだけ”やってほしい8つのこと

この章では、学生が地域に来るまでにできるだけやってほしい8つのことを、本書の執筆者の経験をもとに、ヒントや注意事項を交えてご紹介します。準備段階での参考にしてみてください。

準備

1 学生が地域に入ることを事前に常会や役員会などで共有しましょう。調査や授業の場合は、受け入れるか、どうするかの判断も複数名で行いましょう。

ヒント1 学生や先生には地域でできること、できないことをはっきりと伝えましょう。

ヒント2 調査や授業の場合はたいてい地域に入る前に一度学生か先生があいさつに来たり、メールや電話で連絡があったりします。どういった学生が来るのか、どんな調査や授業をするのか、地域に来るスケジュールなどを把握したうえで受け入れの判断をしましょう。行政やNPOなどがあっせんする場合もあります。

ヒント3 学校のゼミや授業の場合は強制的に学生が参加すること、人数が多いこと、先生が身近にいることもあり、学生と地域の距離はなかなか縮まりにくいです。名前や顔もなかなか覚えられない状態になります。「単位をもらえるから来た」、「先生に言われたから来た」という学生もいるかもしれません。そういった学生が自分たちの地域に合っているのかを考えましょう。

注意1 優秀な学生や先生が全てよいとは限らず、ちゃんと感動する、心を動かす人、住民の立場になって考えられる人かどうかが重要です。「大学や教員の実績づくりのため」に入ってくることもしばしば…。地域にもよいものを還元しようという意思のある人を受け入れましょう。学生や先生に振り回されないように。

注意2 「学生や先生が来てくれるから地域が活性化する」というのは幻想です。数回地域に来ただけで学生や先生から魔法のような提案が出るわけでもなく、一気に活性化するわけでもありません。期待し過ぎたり、頼り過ぎたりしないようにしましょう。

---

2 受け入れ期間中、学生に何をやってもらうのか、大まかなスケジュールを決め、住民で共有しましょう。

ヒント1 集落の年間スケジュールがあれば、お祭りの時期などが分かり、活動に反映できるので、来てもらう時期を決めやすいですね！学生や先生とも共有しましょう。

年間スケジュールの例（新潟県柏崎市岩之入集落の場合）

4月	八社宮祭り（厄払い）
4月	道普請（整備）
7月	道普請（道草刈）
8月お盆	夏の灯（棚田キャンドル）
8月	お流し会（流し素麺）
10月~11月	敬老会
元旦	共同年賀（新年ご挨拶）
1月	さいの神（どんど焼き）
2月	弘法大師祭（一〇八灯祭り）

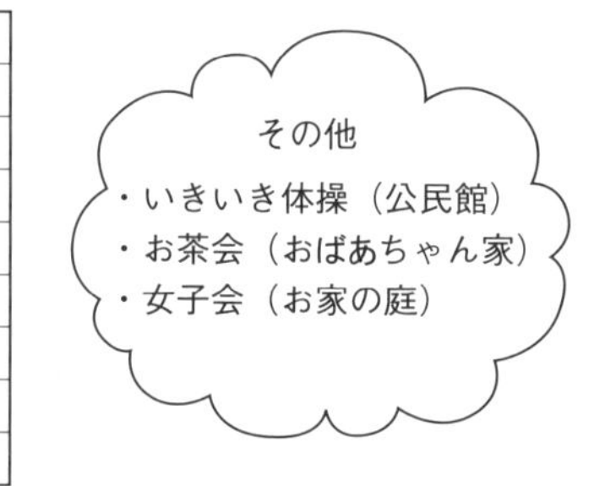

ヒント2 専門的な技術を必要としない、学生でもできる作業を手伝ってもらえるように考えておきましょう。

ヒント3　テーマが明確なほうが学生の動きがよい場合もあります。例えば、「空き家調査をする」、「生産者や加工業者に話を聞き、フリーペーパーをつくる」、「商品開発のお手伝い」など。ただ、学生だけでそのテーマに取り組むのではなく、一緒にやる住民やグループがいないとその後、持続しにくいです。

ヒント4　ただ学生と飲み会などの交流をしたいのであれば、はじめから飲み会ツアーにしてしまったほうがよいかもしれません。

ヒント5　学生の成長を主眼に置くのなら、あえてこちらからテーマを与えず、学生にテーマを考えてもらうこともできますね。

ヒント6　草刈りやイベント準備などの単純作業をしてもらうことも必要ですが、学生だからこそできることを盛り込んだほうがいいですね（自分で考えて動いたり、言葉にしたりしてもらう場面をつくってみましょう）。

ヒント7　雨天時の対応も忘れずに。

ヒント8　地域にも学生にもメリットがある活動内容を考えましょう。成果ばかりを求めるとお互いしんどいです。

ヒント9　学生がその地域ですぐ「役に立つ、役に立たない」という考えでなく、「○○さんが来てくれた！家族や親戚が一人増えた！」そんな考えでいるほうが楽だし、よい関係が築けるかも！？

ヒント10 一度に地域に入る学生の人数は３人程度がほどよいですね。１人だと学生同士で意見交換ができず、３人ほどいると学生たちで「次はこうしよう！」と決められます。少人数だと地域の方も顔と名前が覚えやすいですね。

ヒント11 途中で学生のやりたいことが出てくるかもしれないのでスケジュールに余裕を持たせておきましょう。

---

3 学生との事前のやり取りをしっかりとしましょう（持ち物、服装、アレルギー、負担費用、活動内容、スケジュール、保険、注意事項、緊急連絡先などの確認）。

ヒント1 都会と違って農村では夏でも朝晩は冷え込んで寒くなることや作業のことなど、服装はどういったものがいいのか、事前に伝えておきましょう。

注意1 ボランティア保険などは所属組織で入って来てもらうか、受け入れ側で加入の手続きをしましょう。

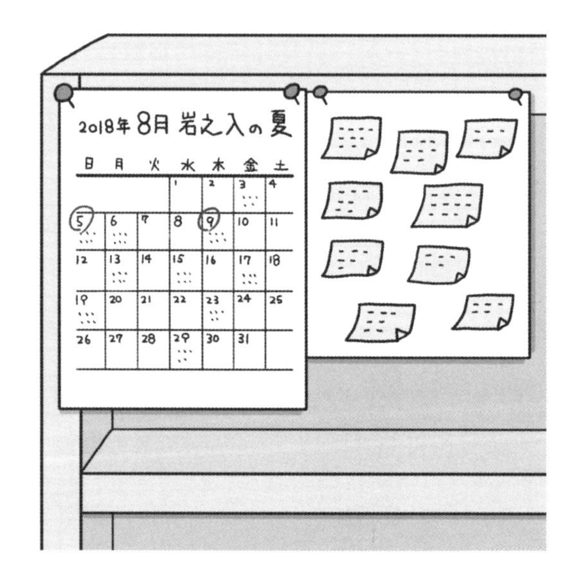

4　学生の宿泊場所や拠点などの生活環境（電気、水道、ガス、冷蔵庫、洗濯機、ガスコンロ、鍋、食器、炊飯器、電子レンジ、冷暖房器具、布団、通信環境、お風呂、移動手段、作業スペースなど）を整えておきましょう。

ヒント1　女性の世話役の方がいると女子学生は心強いです。

ヒント2　近くの宿泊施設や泊めてくれる家があったら紹介しましょう。学生はお金がないのでなるべく安くで泊まりたい傾向があります。

ヒント3　2週間から1カ月など長く滞在する可能性もあります。誰かの家に泊めてもらう場合や、公民館など公共の場を使用する場合は長期滞在の際どうするかも考えておきましょう。

注意1　近くの温泉を利用してもらうこともOKですが、学生の体調などによっては温泉に入れない場合もあります。シャワー利用できる場所（住民のお宅のお風呂を借りるなど）の確保も必要です。

注意2　公民館や集会所が拠点になる場合は、男女の部屋を分けるようにしましょう。

注意3　空き家、公民館、集会所などが拠点になる場合がよくありますが、学生1人で滞在する場合などは安全面を考慮しましょう。

5 手伝ってもらう作業で必要になる道具などはあらかじめ準備しておきましょう（農作業の道具など）。

ヒント1

軍手、長靴、虫よけグッズなど基本的な道具から、揃えておきましょう。学生に持ってきてもらいたいもの、地域で貸出できるものは事前に連絡しておきましょう。

ヒント2

学生がケガをしないように、作業に使う道具は故障や不具合がないか、事前に確認しておきましょう。

6　学生が地域に来ることを住民へ周知しましょう（常会、回覧板など）。

ヒント1　常会、回覧板、地域行事、口コミなどさまざまな場所や手段で学生が地域に来ることを住民へ周知しましょう。せっかく学生が来ているのに住民が「知らなかった」というのはとても残念なことです。

ヒント2　学生が事前に住民向けのあいさつ文や案内文を作成する場合もあります。その際は回覧板でまわしたり、全戸配布したりと協力してあげましょう。

7 スケジュールの確認や準備、あいさつなどを経て、活動開始！

ヒント1 活動の指示は明確にしましょう。

ヒント2 お互いの緊急連絡先の確認、買い物やお風呂の場所など生活に関わる情報を共有しておきましょう。

ヒント3 学生に自己紹介おたよりをつくってもらい、各家をまわってあいさつをしてもらうとよいコミュニケーションの場になります。場合によっては、地域の方も一緒に付き添ってあげてくださいね。また、清掃活動や役員会などにも積極的に出てもらい、住民へのあいさつをしてもらいましょう。

注意1 危険な道具はなるべく使わせないようにしましょう。

8　まずは地域を案内して、どんな地域なのか、人や場所などを案内しましょう。

ヒント1　地域でのルールや気を付けることをしっかり伝えましょう。動物や植物、土地の区分け（入ってもよい土地、いけない土地など）に関する注意喚起も忘れずに！人の集まる場（サロン、お茶会、常会、役員会など）も紹介しましょう。

ヒント2　早いうちに地域のキーパーソン訪問もしくは歓迎会を行いましょう。1度顔を合わせたことがある人を増やすのが最初は大切です。

（小林悠歩・井上有紀）

9章

学生が来たら想定外だらけ

—シーン別ヒント集—

前章では、主に学生が地域に入ってくるまでの準備についてご紹介しました。それを踏まえて、この章では学生が実際に地域に入ってきたときに起こりうるさまざまな場面を、本書の執筆者の経験をもとに、具体的にご紹介します。多くの学生たちは農村に来るのは初めて。「ちゃんと地域になじめるのかな」、「どんなことを学べるのかな」と不安や期待でいっぱいです。そんな学生たちがやって来たら、「こんないいことも！」、「こんなハプニングも！」と、想定外のことだらけ。実際に学生を受け入れる前に、この章を読んで少しでもイメージを膨らましていただければと思います。予想外のことが起きるのが学生を受け入れることの楽しさであり、醍醐味でもあります。項目別に分けたさまざまなシーンをそれぞれのヒントを交えてみていきましょう。辞書を引くように活用してみてください。

- **交流会編（シーン①～⑦）**
  - 学生と深く交流するには？
  - お酒のある場での注意
  - 交流会で起こり得るできごと　　など
- **宿泊・生活環境編（シーン⑧～⑲）**
  - 滞在環境の準備・連絡
  - 空き家の活用はできる？
  - 民泊をしたいと言われたら…　　など
- **活動編①～イベント・地域行事のお手伝い～（シーン⑳～㉙）**
  - お祭りや伝統行事に出てもらう効果
  - 会議に出たいと言われたら…　　など
- **活動編②～調査・研究～（シーン㉚～㉟）**
  - アンケートを取りたいと言われたら…
  - 調査を通した新たな発見　　など
- **活動編③～作業のお手伝い～（シーン㊱～㊷）**
  - 作業が生み出す効果
  - ケガに気をつけよう　　など
- **人間関係編（シーン㊸～㊲）**
  - 名前を覚える大切さ
  - 関係が密な地域でのふるまいのコツを教えよう
  - 学生が入ることで生まれるさまざまな展開　　など

交流会編

シーン①

初日の晩はみんなで交流会！みんなが協力して準備をしていますが、男子学生２人が「疲れた～」と言ってスマホばかり触っています。どうしますか？

ヒントⅠ

教育という意味でも、時には注意することが大切です。言い方に配慮しつつ、声をかけましょう。

シーン②

普段無口なおじいちゃんが交流会で学生からこの地域の歴史について質問されていました。すると、そのおじいちゃんはほかの住民も知らないような地域の話をたくさんはじめました。学生はとても熱心に聞いており、まわりにいた住民もとても勉強になったようです。

解説Ⅰ

学生が来ることで、住民同士普段の生活では気がつかない住民の方の知識や知恵、スキルを新たに発見できるかもしれません。

シーン③

交流会が盛り上がっているなか、緊張のせいかほとんどしゃべらない女子学生がいます。どうしますか？

ヒントⅠ

出身地、大学で何を勉強しているのか、なぜ地域に来たのか、サークルやバイトはやっているのか、地域に来てみての感想などを聞いてみましょう！ 会の最初から話しかけてみたり、女性の方から話しかけてみたりするといいかもしれません。

ヒントⅡ

学生は遠慮して思ったことを言えないときもあるので、「何でも言ってね！」と堅苦しくない雰囲気をつくりましょう！ また全員の前で自己紹介する時間を設けたり、自己紹介シートを配ってもらったりするのもいいですね。

ヒントⅢ

初日は移動もあり、疲れている場合が多いです。たくさん話したい気持ちもありますが、夜は遅くなりすぎないようにしましょう。

シーン④

交流会にはお酒をたくさん用意しましたが、お酒を飲めない学生が多く、地域の人は少しがっかりした様子です。

◆注意Ⅰ

お酒を無理に飲ませたり、つがせたりするのはNG。最近はお酒を飲まない若者も多く、もちろん未成年者の可能性もあります。体調や体質のことも考慮して、ノンアルコールの飲み物も用意しましょう。

◆注意Ⅱ

お酒を飲んだ勢いで、セクハラだと思われる発言や行為をしないように気を付けましょう。1つの言動で信用がなくなってしまいます。

◆注意Ⅲ

飲酒運転はもってのほかです。 学生や住民にも注意喚起しましょう。

シーン⑤

音楽好きでギターをやっている学生がギターを長年やっている住民の方と音楽の話をして盛り上がっていました。しばらくして、学生が席を移動して違う住民の方と話していると、その人も昔ギターをしていたそう！学生は同じ地域にギターをしている人がいるとわかり、今度は先ほど話した人と３人で話をはじめました。住民同士はお互いギターをやっていたなんて知らず、普段も同じ地域に住みながらほとんど話したことがないとのことで、よいきっかけになったようです。

解説Ⅰ

学生が思いがけず、住民同士の接着剤になってくれることがあるかもしれません。

シーン⑥

学生に道路の落ち葉ひろいを手伝ってもらい、夜は慰労会兼交流会を開きました。せっかくの交流の機会ですが、学生は同じ場所にかたまっています。どうしますか？

ヒントⅠ

なるべく学生と住民がお話できるように散らばって座ってもらうなどの工夫をしましょう。

シーン⑦

小学校の先生を目指している学生が来ています。地域の子どもたちはなかなか若いお兄ちゃんやお姉ちゃんと遊んでもらったり、勉強を教えてもらったりする機会がありません。その学生はぜひ地域の子どもたちと関わりたいと言っており、滞在期間中に子どもたちに勉強を教えたり、遊んだりしてもらう時間を設けることになりました。

解説Ⅰ

交流会で学生たちの特技や趣味などを聞きだし、滞在期間中に学生がやってみたいことや学生にやってもらいたいことなどを情報交換しておきましょう。

宿泊・生活環境編

シーン⑧

学生には地域の公民館に泊まってもらうことになり、事前に住民の何人かで、公民館を掃除することにしました。2階にはほとんど使われていない部屋があり、中に入ってみると昔の地域の写真や資料、行事で使っていた道具などがたくさん出てきました。

解説Ⅰ

このように思いがけず、地域の宝物がたくさん出てくることがあります。きれいに保存し、展示会をするなど地域のみなさんにも知ってもらいましょう。

シーン⑨

宿泊場所の公民館が暑くて夜眠れなかったと学生から不満の声が…。どうしますか？

ヒントⅠ

夏なら、扇風機や冷房器具の準備をしておきましょう。学生が来る前に1度住民の方が試しに泊まってみるのもいいですね。

シーン⑩

自宅で受け入れをしている学生の中にイタリアからの留学生がいます。今日はその学生がイタリア料理をふるまってくれることになりました。

解説Ⅰ

留学生が来ると異文化交流にもなりますね。外国の文化を教えてもらったり、日本についての感想などを聞いてみたりするとおもしろそう！日本人学生でも出身地のことを聞いたり、今まで行ったことのある地域の様子を聞いてみたりすると自分たちの地域と比較できておもしろいですね。

シーン⑪

「買い物に行く」と市街地のスーパーに学生３人が買い出しに行きました。車は地域の方が貸してくれたものです。帰りに運転手がよそ見をしていて、前の車に追突してしまいました。どうしますか？

ヒントⅠ

学生や相手にケガがないかの確認、警察、保険会社、緊急連絡先への連絡など迅速に対応しましょう。

ヒントⅡ

場合によっては学生には車を運転させないというルールも必要ですね。

シーン⑫

今日は学生と住民の有志でバーベキューをすることになりました。学生と一緒に近くのスーパーに買い出しに行くと、学生は「自分の地域ではあまり見かけない食べ物がある！」と驚いています。

解説Ⅰ

学生と買い物に行ったり、食事をしたりすることで、自分たちの地域の特産品や食文化について改めて見直すきっかけになりますね。

シーン⑬

学生の滞在期間も半分を過ぎました。学生も少し疲れがたまってきたようです。どうしますか？

ヒントⅠ

学生のリフレッシュのために、観光地に連れて行ったり、少し遠出したりするのも必要です。

ヒントⅡ

世話役の人と学生で中間振り返りや今後の予定の確認などを行いましょう。褒めるとこは褒めて、注意すべきこと、課題はしっかり伝えましょう。

シーン⑭

学生から「民泊をしてみたい！」という声が出ました。どうしますか？

ヒントⅠ

かつてホームステイなどの受け入れを経験した家庭があるかもしれません。
事前に民泊を受け入れてくれそうな家庭を探っておきましょう。

シーン⑮

バイトの関係で夕方から活動に参加したいという学生がいます。最寄りの駅から地域までは車で 20 分ほどかかります。先生も手があかず、先生から迎えに行ってほしいと言われました。どうしますか？

ヒントⅠ

住民の自家用車で学生を送迎してよいのか、事故の場合の対応はどうするのか、先生と十分に確認したうえで判断をしましょう。

シーン⑯

学生が地域の人にインタビューをじっくりしたいということで、１カ月間地域に滞在することになりました。しかし、滞在してもらっている空き家で夜に屋根裏でざわざわと変な音がして眠れないと学生が言っています。調べてみるとネズミがいて、かなり天井が傷んでいるようです。このままだと危険なので、ここから出てもらうことになりました。学生の滞在場所はどうしますか？

ヒントⅠ

宿泊場所の候補をいくつか持っておくと安心ですね（空き家、住民のお宅、公民館、集会所、近くの宿泊施設など）。複数の宿泊場所を組み合わせて滞在してもらう方法もありますね。

シーン⑰

学生と先生に公民館に泊まってもらうことになりました。夜は毎晩どんちゃん騒ぎをしていて近所の人が迷惑だと言っています。どうしますか？

ヒントⅠ

最低限のマナーは守ってもらうよう、学生だけではなく、先生にも注意しましょう。

シーン⑱

地域で立派な空き家が出てきました。学生の作業スペースや交流の場として今後、使わせてもらいたいとのことで、先生がその空き家を借りました。しかし、しばらくしてもせっかくの家が物置状態になっており、ほとんど活用されていない様子。家を探している移住希望の家族もいます。どうしますか？

ヒントⅠ

空き家を有効に活用できるように地域の考えはしっかり先生に伝えましょう。

シーン⑲

ここ３年ぐらい空き家になっている家が地域にあり、家主は誰かに使ってもらいたいと思っています。ちょうど大学の先生がゼミの活動でこれから５年ほど学生の拠点に使いたいと言っています。どうしますか？

ヒントⅠ

地域にある空き家をなるべく有効活用できるように、家主や地域の方と話し合っていきましょう。学生の拠点として使うのも一つの手です。

活動編①～イベント・地域行事のお手伝い～

シーン⑳

お祭りの準備をしているときに代々続く、貴重で高価な太鼓を学生が落として壊してしまいました。どうしますか？

ヒントⅠ

学生には事前にお祭りの歴史や道具が代々大切に使われてきていることを伝えたうえで、道具の扱い方を説明しておきましょう。

ヒントⅡ

保険が効くのかの確認、修理費用を誰が負担するのかなどの相談を住民や学生の所属組織の方などと行いましょう。

シーン㉑

学生は滞在中にある夏祭りの獅子舞の担い手として練習から参加することになりました。地域では年々担い手の高齢化が進み、また同じ人が毎年やっているため、練習にはあまり覇気がありません。しかし、今回は学生が新たに加わるということで、練習の回数を増やし、そして覚えがはやく、一生懸命取り組む学生の姿を見てまわりの担い手の人たちも力をもらい、例年よりも力の入った舞を披露することができました。

解説Ⅰ

学生はまさに「新しい風」を地域に吹かせてくれます。学生の持っているパワーを地域に入れてもらいましょう。

シーン㉒

今日はタケノコ掘りイベント。お客さんがひっきりなしに来て、地域の人たちだけでは対応できない状態です。地域に入っている学生５人がスコップ洗いやお客さんの誘導などを手伝ってくれることになり、無事にイベントを成功させることができました。

解説Ⅰ

人手が足りないときに若くて体力のある学生は戦力になります。ただし、人手不足を埋めるだけの存在とみなすのではなく「一緒に汗を流す」ことで学生との関係が築けると考えてみては？

シーン㉓

夏祭りの準備を学生にしてもらうことになりました。そのお祭りでは太鼓と笛のお囃子に続き、お神輿が集落の中を巡行します。一人の女の子はお神輿を担いでみたいと言い、もう一人の女の子は笛を吹いてみたいと言っています。しかし、そのお祭りは 500 年も続く伝統的なもので今まで男性しか参加してきませんでした。どうしますか？

ヒントⅠ

女性にも参加してもらうのか、これまでの伝統を守り、女性の参加を断るのか、地域のみなさんで話し合いましょう。

シーン㉔

夏祭りが無事に終わり、今晩はお祭りの慰労会です。学生にも参加してもらいます。しかし、住民の参加が男性ばかりで学生は疑問を持っています。「女性の方も食べ物をつくったり、すごく協力していたのに、どうして男性しか慰労会に参加していないんですか？」と学生から質問をされました。どうしますか？

ヒントⅠ

女性も参加しやすい時間帯に行うなどの工夫をしましょう。また、学生から誘ってもらうのもいいですね！

シーン㉕

学生は地域の行事やイベントになるべく参加したいそうです。今日の三役会議では、集落の予算や土地のことなど込み入った話をする予定です。集落内部のさまざまな情報が出てきますが、学生が参加してみたいと言っています。どうしますか？

◆注意Ⅰ

卒業論文などの参考資料として使用される場合があります。参加OKの場合は、ふせておいてほしい情報や資料はあらかじめ伝えておきましょう。参加の意図を聞き、今回の会議がそれにふさわしいかを地域のみなさんで判断するのも手です。

シーン㉖

普段はほとんど地域行事に出てこない地域のおばちゃん。しかし、ある学生がそのおばちゃんととても仲良くなり、学生からおばちゃんに「一緒に行きましょう！」と声をかけたら、地域行事に来てくれました。あまり住民と接点のなかったおばちゃんですが、それから時々地域行事に顔を出してくれるようになりました。

解説Ⅰ

学生はいい意味で地域のしがらみなどわからない存在です。それゆえ、意外なところで人とつながり、そして人と人、人と地域をつなげてくれるかもしれません。

シーン㉗

学生が地区の運動会に選手として参加したいと言っています。これまで住民以外が選手として出たことはありません。どうしますか？

ヒントⅠ

住民以外が選手として出ることについて、ルールを確認したうえで、地域のみなさんで話し合いましょう。この機に住民以外の人も選手として参加できるルールをつくってもいいですね。

シーン㉘

地域の秋祭りに学生が参加（準備から片づけを含む）してくれることになりました。地域内外から模擬店の出店が行われ、学生のことを知らない人もたくさんいるうえ、学生たちも知らない人がたくさんいる状態です。隣の地域から来ている焼そば屋のおじさんが「あの若者はどこの学生や？ろくに挨拶もせんな！」と怒っています。どう対応しますか？

ヒントⅠ

学生のお世話をしている住民の方はお祭りでバタバタしているかもしれないので、学生には事前に知らない人でも積極的に自己紹介やあいさつをするように伝えておきましょう。余裕があれば、住民の方が学生を連れてあいさつ回りに行ってあげましょう！

シーン㉙

今日は 2 カ月後に開催する予定の地域の文化祭の会議に学生が参加してくれることになりました。住民の中で、「昔、青年団でやっていた演劇をもう一度やってみたい」という意見が出ました。しかし、もう演劇をしなくなって 30 年ほどたちます。当時のメンバーも今はほとんどが 60 歳代。その話は流れそうになりましたが、参加していた学生から「その演劇見てみたいです！若い世代の人も巻き込んで今年だけでも復活させてみたらどうです？」という意見が出ました。学生の意見に背中を押され、今年は文化祭で演劇を復活させることになりました。

解説Ⅰ

学生の一言で雰囲気が変わったり、背中を押されたりすることがあるかもしれません。学生にとっても今はやっていないけど、昔はやっていたことを見てみることは勉強になるでしょう。

活動編②〜調査・研究〜

シーン㉚

一人暮らしのおじいさんの家の蔵に貴重な資料がたくさん眠っていると学生が耳にしたそうです。おじいさんの家に行って資料を見せてもらったり、コピーを取ったりしたいそうですが、学生１人で訪問しても話が通じず、家にあげてもらえないそうです。どうしますか？

ヒントⅠ

地域の方が誰か一緒について行ってあげましょう。おじいさんの親戚や家族の方を知っていたら、連絡して相談してみましょう。

シーン㉛

学生が全戸配布のアンケートを取りたいと言っています。どうしますか？

ヒントⅠ

世帯数が少なければ、学生に自分で一軒一軒配ってもらいましょう。その際、住民の方が一緒にまわってあげるとスムーズにいきます。町内会費や自治会費の集金、回覧板などの既存の配布・回収ルートがあれば、それと一緒にアンケートを入れてあげてもいいかもしれません。

シーン㉜

学生が地域の歴史についてまとめたいと言い、90歳のおばあちゃんのところによく訪問するようになりました。お茶飲みをしながら、昔の地域の様子、おばあちゃんのこれまでの人生についてたくさん教えてもらっています。おばあちゃんのつくる野菜や漬物をもらうこともあります。調査が終わったころには学生は地域の誰よりもおばあちゃんのことについて詳しくなり、地域の方におばあちゃんのすごいところをたくさんお話していました。

解説Ⅰ

住民より、学生の方がその地域に住んでいる人たちのことに詳しくなっていることもあります。「え？あの人ってそんなすごい人だったの？」と学生からの話で初めて知ることがあるかもしれません。

シーン㉝

調査に来た学生が論文を書きはじめています。途中までできた論文を見てほしいと言われ、読むと、事実と違うことが書かれていたり、許可していない写真が載せてあったりしました。どうしますか？

ヒントⅠ

間違いや、認められないことは学生のためにもしっかりと指摘をしましょう。

シーン㉞

学生が調査した地域の歴史や住民に取ったアンケートの結果を見せてもらうことになりました。「自分の住んでいる地域ってこんなに深い歴史があったのか」や「地域のみなさんは意外に地域づくり活動に前向きな意見を持っている！」など新たな発見がたくさんありました。

解説Ⅰ

協力した調査の結果を十分に地域づくりにいかしていきましょう。

シーン㉟

学生が 20 年前の青年団の名簿（名前、年齢、住所がわかる）がほしいと言っています。どこか探せばあるかもしれませんが、誰も場所がわかりません。どうしますか？

ヒントⅠ

思い出話をしながら、できる範囲で簡単につくってあげてもいいですね。どうしても無理なら断りましょう。

活動編③〜作業のお手伝い〜

シーン㊱

集落から少し離れたところで草刈りを学生とすることになりました。学生は集落から離れた場所の草刈りをする意味がわからず、質問してきました。集落の田んぼにつながっている水路のまわりをきれいにしておくことは、とても重要な作業であることを学生に説明し、改めて自分たちが普段何気なくやっている作業の意味を考えるきっかけになりました。

解説Ⅰ

（特に都会出身の）学生にとって、普段地域のみなさんが何気なくやっている作業は疑問だらけ。地域を守っていくために自分たちがしていることをより多くの若者に知ってもらう機会となり、また振り返る時間にもなりますね。

シーン㊲

溝掃除をしている最中に学生の１人がハチに刺されてしまいました。どうしますか？

ヒントⅠ

応急処置をし、病院へすぐ連れて行くなど迅速に対応しましょう。緊急連絡先への連絡、保険の確認なども行いましょう。

シーン㊳

空き家を改装して地域の交流拠点をつくっている住民のお手伝いで、学生にペンキ塗りをしてもらうことになりました。一緒に作業をする住民は普段 20 歳代の若者と話すことがなく、会話がないまま黙々と作業をこなすだけです。どうしますか？

ヒントⅠ

出身地、大学で何を勉強しているのか、サークルやバイトはやっているのか、集落に来てみての感想などを聞いてみましょう！

シーン㊴

田植えを学生に手伝ってもらうことになりました。毎年街中にいる息子さんが帰ってきますが、いやいや手伝っている状態です。学生はお米を生産する現場に参加するのは初めて。作業中、「すごいですね！」、「こんなに大変な作業を経てお米ができているんですね！」と目を輝かせている学生の姿を見て、手伝いに来ていた息子さんは自分がやっている作業に少し誇りを感じたようです。

解説Ⅰ

食べ物を生み出すことの「かっこよさ」、「大変さ」を学生の目線で言葉にしてもらうことで、地域内外の若い世代にもそれが響くことがあるかもしれません。

シーン㊵

地域PRのパンフレットを学生につくってもらうことになりました。パンフレットの打ち合わせで、学生、先生のほかにどういった人を誘いますか？

ヒントⅠ

地域のことに詳しいお年寄り、デザインが上手な方などに声をかけ、地域の方が持っている知恵やスキルをいかしてもらいましょう。

シーン㊶

観光客でもわかりやすいように地域の主要スポットに地域の地図を設置することになりました。その地図を学生に書いてもらうことにしました。修正を重ねながら、無事に地図を設置することができました。しかし、ある日お年寄りから問い合わせがあり、「神社の漢字が間違っとる。なぜわしに聞いてこんかったんや。」と言われました。どうやら昔の表記と現在の表記は漢字が少し異なるようです。どうしますか？

ヒントⅠ

地域の歴史に詳しい人など、できるだけ多くの人の意見を聞く機会を設けましょう。

ヒントⅡ

観光客向けに、昔の表記と現在の表記、どちらを選ぶのか、地域のみなさんで話し合いましょう。

シーン㊷

学生とそば刈りをすることになりました。交流会では何を話したらいいかわからず、学生とほとんど会話ができなかったおじちゃんが、作業をしながら「これを向こうに持って行って」や「水分も取りながらやろう」など必要な言葉をかけているうちに学生と少しずつ会話ができるようになりました。

解説Ⅰ

一緒に汗を流すと学生との距離も縮まります。面と向かってしゃべれなくても、何か作業をしながら少しずつ会話をしていきましょう。

人間関係編

シーン㊸

学生は地域のあちこちに顔を出していますが、地域の人の苗字がほとんど同じで、なかなか顔と名前が一致しません。どうしますか？

ヒントⅠ

学生の最初の仕事は「地域の人の名前を覚えること」といっても過言ではありません。住宅地図を渡したり、屋号を教えてあげたりして、覚えやすくする工夫をしましょう。

シーン㊹

集落内ではいつも野菜がとれすぎて、捨ててしまっています。学生におすそ分けしようと持って行きました。学生は普段の生活ではご近所さんからおすそ分けしてもらうということはあまりなく、とても喜んでいます。

解説Ⅰ

晩ごはんや野菜、果物などのおすそ分けの文化は都会ではなかなか味わえないものです。学生はとても喜ぶので、遠慮なく届けてあげましょう。食べきれないものを捨てるのはもったいないので、その対策にもなりますね。

シーン㊺

3 人の学生が地域に来ました。学生は空き家を借りて共同生活です。ご飯は自炊です。1 人の積極的な女の子があるおじちゃんととても仲良くなり、晩ごはんにその学生だけ度々呼ばれるようになりました。あとの 2 人の学生たちは不満がたまってきて、3 人の関係がぎくしゃくしてきました。どうしますか？

ヒントⅠ

学生を誘うときはなるべく全員を誘ってもらうように住民にあらかじめ伝えておきましょう。

シーン㊻

地域の秋祭りで、学生と接したことがない住民から、「君たちは何をしに来たんや？」と厳しいことを言われて、学生が落ち込んでいます。どうしますか？

ヒントⅠ

学生のメンタルを支えるために相談相手にもなってあげましょう！

ヒントⅡ

学生がこのように言われないためにも、できる限り事前に学生が来ることを住民に周知しておきましょう。

シーン㊼

学生時代に地域に来てくれていた人が卒業して、この地域の役場の職員になり、近くに住むことになりました。

解説Ⅰ

学生時代に出会った地域でたくさんのことを学び、感じ、その地域を好きになり、そこで就職する人も出てくるかもしれません。

シーン㊽

お話好きなおじちゃんが毎晩のように地域に来ている学生３人を晩ごはんに誘います。たまたま同じ日に別のおじちゃんからも３人が晩ごはんに誘われました。３人はどちらにも断りづらいし、どちらも３人で来てくれと言われています。学生は困っています。どうしますか？

◆注意Ⅰ

毎晩ご飯に誘うのはNG。１人になる時間や学生だけでいる時間も大切です。また、地域内で学生の奪い合いをするのはやめましょう！学生と程よい距離感を保ちましょう。

シーン㊾

一緒に地域に滞在した学生たちはそれぞれ違う大学ですが、滞在期間が終わった後も連絡を取り合い、その後も地域のお祭りやイベントに来てくれています。また、それぞれの大学の大学祭で地域のPRもしてくれています。

解説Ⅰ

自分たちの地域に関心を持ってくれている若者が全国各地にいることは心強いことですね。各地で地域をPRしてくれたり、また友達や家族を連れて来てくれたり、さまざまな展開が考えられます。関係を続けたり、ネットワークを広げたりしていきましょう！

シーン㊿

単独行動が好きな学生がほかの学生とずっといることに疲れてきました。どうしますか？

ヒントⅠ

複数で動かないといけない活動だけではなく、一人一人の興味関心によって単独でできる活動や時間を設けましょう！例えば植物を勉強している学生なら植物観察をしたいかもしれません。

シーン51

今日はご近所の数名でお好み焼きパーティーをすることになりました。学生の世話役の人が勝手に学生５人をそのパーティーに誘っており、食材の買い出しや準備をする人たちにはそれが伝わっていませんでした。５人も増えると食材が足りず、準備をしてくれていた人が怒ってしまいました。どうしますか？

ヒントⅠ

自分たちのことで住民同士がケンカをするのは学生にとってはストレスです。住民同士で情報共有や話し合いの機会を設けるなど学生が戸惑わないようにしてあげましょう。

シーン52

「一部の人としか仲良くなれてない気がします」と学生に言われました。どうしますか？

ヒントⅠ

サロンやお茶会、一緒にお茶飲みしてくれそうなおじいちゃん、おばあちゃんなどを紹介してみましょう！地域としても学生にさまざまな人と関わってもらいたいのであれば、事前に学生と住民にそのことを伝えておきましょう。

シーン53

学生とお茶飲みをしていたおばちゃんが自分が聞きたいことだけを質問してくる学生に少し腹を立ててしまいました。どうしますか？

ヒントⅠ

腹を立てている気持ちを率直に学生に伝えましょう。気持ちを言葉にして相手に伝えることは大切です。

シーン54

学生の世話役の人と学生３人で午前中に、学生の滞在先でミーティングを行う予定を立てていました。行ってみると、学生が家にいません。連絡をすると、近所のおばちゃんに誘われてひまわりを摘みに行っていました。結局予定していたミーティングはできませんでした。どうしますか？

ヒントⅠ

予定がいきなり入ることは地域ではよくあること。そのときはすぐ連絡するように学生に伝えましょう！スケジュールの変更は随時話し合ってやっていきましょう。

ヒントⅡ

学生の滞在先の家の前にホワイトボードなどを置き、その日の予定を大まかに書いておいてもらうとほかの住民の方にとってもいいですね！

ヒントⅢ

学生の滞在期間中のスケジュールは地域の役員や学生の世話役などと事前に共有してもらいましょう。

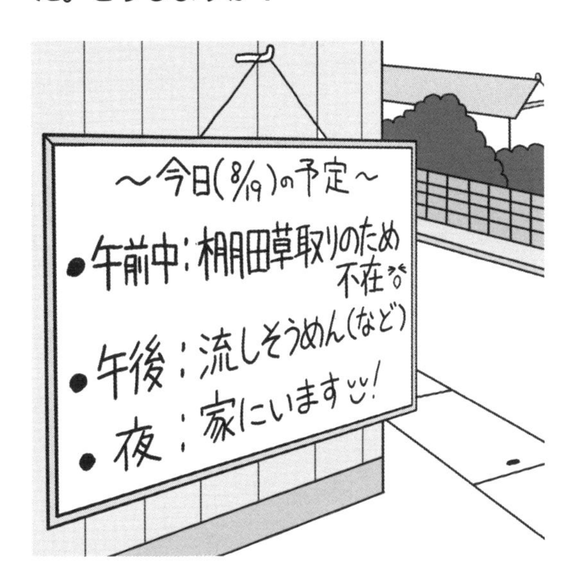

シーン55

毎年地域に入っている大学が今年も授業で来ることになりましたが、学生が全員変わっています。去年と同じことをまた説明しないといけないと思うと、少しうんざりしてきました。どうしますか？

ヒントⅠ

先輩から後輩に必要事項、地域の基本情報などを引き継いでもらいましょう。先生からも細かいことなどはあらかじめ学生に伝えてもらい、事前準備をしっかりしてから地域に来てもらいましょう。

シーン56

学生の受け入れを続けてきて、他地域から視察に来たり、地元メディアに取材されたりするようになりました。

解説Ⅰ

地域づくりはどこでどんな展開になるかわからないものです。視察や取材などを通してネットワークをさらに広げ、地域 PR の機会を上手に利用しましょう。

シーン57

だんだん一部の住民だけが学生や先生と関わるようになってきました。ほかの住民はもう無関心状態です。どうしますか？

ヒントⅠ

なるべくいろいろな住民と関わってもらえるよう、地域行事の手伝いなどにも積極的に出てもらうようにしましょう。活動のやり方ももう一度検討してもらいましょう。

シーン58

今年は大学院生が授業で地域へ入ることになりました。上級生なので、先生がほとんどついてきません。インタビューばかりしに来て地域の行事に参加することもほとんどありません。どうしますか？

ヒントⅠ

学生をほったらかしにしないように先生にも注意しましょう。

ヒントⅡ

授業といえども、地域行事などにも参加してもらうように先生に言ってみましょう。

シーン59

今年で学生が地域に入って5年目を迎えることになりました。学生はアイディア出しや提案などを一生懸命してくれるのですが、地域でその提案を実行したことはありません。学生は毎回変わり、学びの場になっているようですが、地域内にはマンネリ化の雰囲気が漂っています。どうしますか？

ヒントⅠ

このまま学生が入り続けることが地域にとってよいのか、学生の入り方や活動内容を変えてもらうのか、一度検討してみましょう。

ヒントⅡ

地域に対して学生から何か提案してもらう場合、それを“誰が”やるのかが最も重要です。「○○協議会」というような団体名ではなく、「○○さん」という固有名詞で考えていくと現実性が高まります。その場合「○○さん」は本当に時間的・技術的にその活動を実行できるのかなど、地域のみなさんで話し合ってみましょう。

シーン60

休耕地を活用して学生と住民が野菜などを育てはじめました。日常的な手入れは全て住民がやっており、学生は地域に来たときに野菜を植えたり、収穫したりするぐらいしかできていません。秋になり、収穫した野菜を大学祭で学生が販売することになりました。野菜は完売し、売上は3万円ほどでした。学生は住民に断りなく、売上金をその団体の活動経費にしていました。どうしますか？

ヒントⅠ

学生と住民が一緒になってつくった野菜なので、その売上金がどのように使われるのか、事前に確認、事後に報告をしてもらいましょう。

シーン61

この地域には地域おこし協力隊がいます。協力隊の人から、「学生さんのこの地域での活動に参加してみたいです」と言われました。どうしますか？

ヒントⅠ

一度学生が活動するときに協力隊の人に来てもらうといいですね。また、地域のさまざまな活動や行政とのつながりを持っている協力隊に学生が会うことは、本人たちの勉強になりますし、それによって今後の彼らの活動の幅が広がるかもしれません。卒業後にその地域で協力隊になる人も出てくるかもしれません。

シーン62

学生のボランティア活動も３年目を迎えました。夏祭りや清掃活動も積極的に手伝ってくれ、またパンフレットや地図もつくってくれ、地域にとって存在感が増してきました。しかし、今年は中心メンバーが大学４年生になり、就職活動や卒業論文で忙しく、地域での活動に関われなくなりました。活動する学生の人数が半減しましたが、お手伝いしてもらう内容はこれまで通りにしますか？それとも少し変えますか？

ヒントⅠ

学生の人数やメンバーが変わっていくことを念頭に置き、その都度活動内容を修正していきましょう。

シーン63

学生の滞在期間も残りわずかになってきました。学生や地域の人と少しずつ振り返りをしていきましょう。

ヒントⅠ

学生の経験や感想を地域のみなさんと共有するために報告会などを設けましょう。お互い何のための活動だったのかを振り返る機会になります。学生の成果物があれば、そこで配ってもらったり、披露してもらい、住民からも感想を言ってもらえるといいですね。学生の報告内容を今後の地域づくり活動にいかしましょう。

ヒントⅡ

報告会のときはすでに地域と学生の関係ができているはずです。会場準備から、住民の方と学生が一緒にできるといいですね。

ヒントⅢ

住民の方への報告会のお知らせは学生にもやってもらうといいですね。

ヒントⅣ

学生を通じて大学の先生とのネットワークをつくってみてもいいかもしれません。

シーン64

今日は学生の活動報告会！ところが、一番中心的に学生のお世話をしてくれていた地域の人が体調不良で欠席。ほかの人は段取りを聞いておらず、どう進めていったらいいのかわからず。学生も「あの人がいないと…」という状態。どうしますか？

ヒントⅠ

この活動がはじまるときから複数の人たちで協力して進めていきましょう（もちろん忙しい人には無理に関わってもらう必要はありません）。一人の人に負担がかかっていたら、よい活動になりません。そして、常に情報共有を心がけましょう！「あの人がいなくてもできる」状態を常に保ちましょう。

シーン65

楽しみにしていた学生の活動報告書が届きました。読んでみると、内容は住民がすでに知っている情報やすでに住民同士で検討したことのある提案でした。どうしますか？

ヒントⅠ

学生や先生の今後の活動のためにも報告内容について、正直な感想を伝えましょう。それも学生や先生にとっては勉強です。

ヒントⅡ

報告書には、学生や先生が地域で感じたことは必ず入れてもらうように依頼しましょう。また、ほかの地域での経験なども伝えてもらいましょう。

シーン66

学生の滞在期間が終了したら…。

ヒントⅠ

学生や住民それぞれの感想などを共有しましょう。また、住民同士で振り返る時間も設けましょう。

ヒントⅡ

また今後も地域のイベントや行事などに来てもらえるかもしれません。連絡先を交換すると今後も関係が続きやすいですね！

ヒントⅢ

SNS（LINEやFacebookなど）でグループをつくると情報発信・共有に便利です。

シーン67

滞在期間が終わり、「また行きます！」と言っていた学生は一向に地域に来てくれません。あれだけ地域のことを気に入ってくれたのに残念です。どうしますか？

ヒントⅠ

学生も授業、アルバイト、サークル、就職活動、卒業論文など忙しい日々です。行きたいと思っていても、お金や時間がないなどさまざまな条件が影響してきます。学生が来るタイミングを待ちましょう。なかなか来なくても学生自身の中には地域で学んだこと、感じたこと、出会った人は残っています。5年後、10年後に来て、また地域の力になってくれるかもしれません。

（小林悠歩・井上有紀）

10章 【座談会】学生と地域がつくる活力

吉田涼香（よしだすずか）
お茶の水女子大学文教育学部言語文化学科仏語圏言語文化コース４年。茨城県出身。

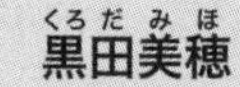

黒田美穂（くろだみほ）
長野県下諏訪町役場職員。長野県出身。2020年新潟大学人文学部メディア・表現文化学専攻卒業。

杉田大輝（すぎただいき）
鳥取県三朝町役場職員。北海道出身。2017年鳥取大学地域学部地域環境学科卒業。2019年東北大学公共政策大学院修了。

井上有紀　**小林悠歩**
聞き手

2020年９月26日
オンラインにて実施

地域に入る若者は一体どんなことを考えているのでしょうか。初めて地域に入るときの気持ち、地域に滞在中に困ったこと、うれしかったこと、「もう一度行きたい」と思う地域はどんな地域なのか、若者にとって出会った地域の人はどんな存在なのかなど、実際にさまざまな形で地域に入った経験のある若者のリアルな声をお届けします。

これまで地域でどんな活動をしてきましたか？

吉田：私は大学３年生（2019年）の夏に、にいがたイナカレッジ（４章２（1）参照）の「集落と農業の今と昔に触れて集落の冊子づくりをする」というテーマの１カ月のインターンシップに参加し、新潟県柏崎市の矢田（やた）集落に行きました。同じ参加者だった他大学の学生２人と一緒に地域内の空き家で１カ月間共同生活をしながら、集落の方にインタビューをして地域の魅力を伝える冊子をつくりました。最終日には集落のみなさんに集まってもらい、活動報告会を行いました。その後は秋に１人で、冬に３人で訪問しました。今年（2020年）

はコロナ禍で行けていないのですが、夏に開催された集落のイベントにオンラインで参加させてもらいました。また、東京の他大学の農業サークルの活動にも参加していて、月に1、2回、サークルで持っている神奈川県小田原市にある畑に行って農作業をしたり、お世話になっている農家さんの作業を手伝ったりもしています。

小林：インターンシップに参加しようと思った動機は何ですか？

吉田：このインターンシップは今入っているサークルの先輩の知り合いから教えてもらって知りました。就活をはじめる前に、将来、自分のずっと住む場所はどこなのだろうと考えたときに、今まで経験したことがない暮らしを体験してみたいと思いました。このインターンシップは旅行などでは得られない経験ができるということだったので、参加しようと思いました。単純に食べることや新潟県のお酒も好きなので、そういうことも楽しみたいと思っていました。

黒田：私は2018年の夏に新潟県関川村の小見(おみ)集落で同じように1カ月間のにいがたイナカレッジのインターンシップに参加しました。インターンシップについては以前友達から聞いていて、ちょうど写真を撮ったり書いたりして、日常を記録することと地域を結び付けて何かできないかと思っていた時期でもあり、関川村でのインターンシップの内容がそのことと重なり、参加を決めました。テーマは「あの人にムラの今を伝えたい！地域の編集部プロジェクト」ということで、何か目に見える成果物をつくるのではなく編集部という仕組みづくりをするのが目的でした。地域に関わりがあった人やある人にムラの今を伝えることで、その地域を懐かしく思って、今いるところでも頑張ってもらいたいというものでした。地域の人にFacebookの使い方を教えたり、地域のお便りをどのようにつくったらいいのかというのを一緒に考えました。あとは、自分たちの存在自体が地域の人の話題になってもらえればと思い、流しそうめんや花火もしました。その後、秋に1人で、冬に一緒に参加していた2人と、大学卒業前の2020年の2月にまた1人で訪れました。年賀状を出したりもしました。

小林：インターンシップ以外には何か活動しましたか？

黒田：新潟大学が独自でやっているダブルホームというプログラムにも参加しました。このプログラムは大学で学んだことが地域で実際にどのように必要とされているのかを現地で学ぶという目的があり、その趣旨に魅かれて参加しました。これは、学部や学年に関係なくやりたい人が集まって、教職員も含めたチームをつくって、それぞれ決められた地域に定期的に通います。現地での地域活動のお手伝いなど、いろいろな活動をするという授業とサークルの間のようなものです。地域に行くときは大体10名前後で、大学のバスを使っていました。1年間に5回から7回、それが4年間なので、通算30回ぐらい地域に行っていたと思います。私は山形県小国町樽口(たるぐち)地区というところにあるわらびを収穫できる観光施設で活動をしていました。テーマは「おいでよ樽口観光わらび園―大学生の視点からできること―」で、わらび園にお客さんを呼ぶために大学生の立場からいろいろな提案、企画を行っていました。わらび園の開園時に演奏会を行ったり、アンケートを行って分析をしたり、ほかの学生を呼んでわらびを採るわらび会をやったり、地域の看板をつくったり、SNSを通じて発信したり、大学の文化祭でわらびを使ったうどんを売ったりしていました。大学としては10年ぐらいこの地域に入っています。

小林：ダブルホームは地域に入る人数も多く、また4年間も関わっていたということですが、4年の間に地域との関わりの変化はありましたか？

黒田：私が1年生のころは、どんど焼き、雪囲い、雪掘り、わらび園の開園に向けた山焼きのお手伝いなどをしていましたが、地域の方から「継続的に何かをやってほしい」、「いろいろやるよりも1個のことを失敗してもいいからやってみて、次につなげてほしい」と言われて、私が2年生のときに、活動をわらび園だけに絞りました。ですが、学生はどんどん代替わりをしていくのです。次の代にかわったときに、もっと地域に行っていろいろとやりたいということで、わらび園以外の活動もまたやりはじめました。そうしたら、地域の人からまた、「地域としての関わりではなくわらび園としての関わりだけにしたい」と言われて、同じようなことを繰り返していました。

地域の方とつくった看板の前で
(山形県小国町樽口地区)

　わらび園のお客さんへのアンケートを行ったときは、訪問した理由、ここのいいところ、入園料は高いか安いかなどの項目を聞き、全部分析をして、地域の方との意見交換会で報告しました。そうしたら地域の方からは、今まで漠然と思っていたことがきちんと数値となって表れたので、分かってよかったという声をいただけました。

井上：そのときに活動する学生によって、どこまで、どんなことができるのかが、左右されますね。

小林：グループや団体で地域に入ると、やはりそういうことがありますね。授業となると、個人と地域の関係というよりは、グループと地域がどうやって関係を継続していくかということも考えないといけない。状況に応じて活動内容の変更なども必要になってきそうですね。

夏祭りのボランティアの様子。地元の人と一緒に祭りを盛り上げます。
（鳥取県倉吉市関金（せきがね）町明高（みょうこう）集落）

黒田：それから、授業で入ると、大学から求められることと地域の方が求めることと学生がやりたいことで、結構板挟みはありました。

杉田：僕は北海道から鳥取大学に行って、何かボランティア的なことをしたいと思っていたら、たまたま鳥取県にあるNPO法人学生人材バンク（3章2参照）の代表の方に出会いました。そのNPOがやっている農山村ボランティアの活動がすごく面白そうだなと思って、学部1年生のときにすぐ参加しました。ボランティアでは、要請があった鳥取県内のいろいろな集落に行って、草刈りや水路清掃など農作業のお手伝いをして、集落の方とご飯を食べて帰るという流れでした。3年間で40集落くらい行ったかな。ボランティア活動の一環で、鳥取県三朝（みささ）町で米づくりをする学生グループ「三徳（みとく）レンジャー」にも加入していました。そういった経験がきっかけで、農山村にすごく興味が湧いて、卒業論文でそういったことについて研究したいと思いました。

卒業論文の調査を考えるなかで、出身地が北海道というのもあって、北海道下川町での地域づくりインターン（4章2（2）参照）にも参加させていただきました。2週間ほど滞在し、地域おこし協力隊の業務の体験や地域行事に参加させていただきました。協力隊が活動している実態や、任期が終了した隊員が組織をつくっている事例が面白いなと思って、そこで卒業論文の調査をしようと思いました。調査は、住み込み1カ月ぐらいで、協力隊の方が開いているカフェでお手伝いをしたり、寝泊まりをさせてもらいながら、住民の方、協力隊、行政の方などに聞き取り調査をさせてもらいました。

小林：三徳レンジャーで関わっていた三朝町に今、就職をしているわけですが、なぜそうなったのですか？

杉田：学生のころに三朝町の集落の方々に出会い、とてもよくしてもらいました。お世話になった方々に何か恩返しできればと思っていました。地域の方が「杉ちゃん、三朝町はどうだ？」と積極的におしてきたこともあったりして、そういった人のつながり、ご縁で最終的には自分で三朝町に行こうと、就職を決めました。

初めて地域に入るときはどんな気持ちでしたか?

吉田：不安と楽しみが半々くらいです。大学生である自分の存在がむらの中で浮いてしまわないか、受け入れてもらえるのか、という不安が少しだけあったのですが、それは行って1日目でなくなりました。自分から全部話し掛けないといけないのかと思っていたけれど、割とそんなこともなくて、地域の方から興味を持ってもらえました。あと､間に立つ人(にいがたイナカレッジのスタッフ）がいてくれたので、不安が和らぎました。市役所の人もサポートしてくれました。

農作業後の休憩時間の様子
（新潟県柏崎市矢田集落）

井上：どうみられるかが少し気になっていたのですね。

吉田：私たちの紹介を書いた写真付きのチラシを事前ににいがたイナカレッジのスタッフが地域の方に配ってくださっていたみたいです。それを見て、話し掛けてくれたので、事前にこちらのことを知らせておいたのがよかったのかなと思います。活動中も毎日名札を付けたままでした。あと、地域の総代さんや重要人物などのプロフィール、その人たちの地域に対する考えをこちらが先に知っておいたこともよかったです。

杉田：僕は、初めて地域に入ったときは2013年ですが、吉田さんと同じで、やはり緊張とワクワクの半々という感じでした。ボランティアの場合は先輩と一緒に行って、そこでうまいことつないでいただいたので、スムーズに地域にとけこめたのかなと思います。僕もガムテープに名前を書いて名札のようにつけておくと、何回か行くにつれて「ああ、あの杉田か」と覚えてくださっていました。

黒田：私は、不安はなくて、楽しみだった記憶しかないです。関川村のインターンシップの前なんかは、その直前がすごく忙しかったにも関わらず、早く行きたい、頑張ろうと思っていました。それから、つないでくれる人は大事だと思いました。山形県小国町樽口地区での大学のプログラムとしての活動は、これまでずっと続いてきており、学生が変わっても先生や先輩がまず一緒に行って地域の方とつないでくれました。私も学年が上がるにつれて、だんだんつなぐ側にもなりました。関川村でのインターンシップも､コーディネーターの方(にいがたイナカレッジのスタッフ）がつないでくださったり、事前にその地域の窓口になる人と会えたりもしました。いきなり知らないところに１人で放り込まれるわけではないので、全然不安がなかったのかなと思います。仲介役は必ずしも先生とか大人の人ではなく学生のこともたくさんあって、それによって今後が決まってくるという感じはありました。

小林：なるほど。仲介役は本当に大事ですね。それが誰であろうと中に立つ人は必要かなと思います。

地域に滞在しているときに困ったことはありましたか?

吉田：すごくありがたい悩みではあるのですが、いろいろな人が「ここへ連れて行ってあげる」、「こういう体験をしないか」などと、誘ってくださって、私たちが冊子をつくらないといけない時期と重なったときは、どうしようと悩みました。でも、誘ってもらうことはありがたかったので、地域の方にこちらのスケジュールも分かってもらえるような工夫ができたらよかったです。

黒田：私は、公共交通機関だけでは行けないところが多くて、移動手段が一番困りました。お願いして迎えに来ていただけるところはそれで行けたのですが、移動手段がなくて行きたくても行けないこともありました。

杉田：僕が参加していたボランティアの場合は、学生が車を持っていたり、NPOの車があったりしたので、それで対応していました。

井上：NPOの車は誰が運転するのですか？

杉田：学生が運転します。

井上：学生に運転させるのですか？

杉田：NPOの職員さんが運転スキルを確認して、許可をもらった学生が運転します。でも、車持ちの人がいなかったり、NPOの車がほかのことに使われているときは困りました。そのときは、汽車で最寄り駅まで行って、地域の方などに迎えに来てもらいました。

小林：移動手段の問題はどうしてもつきまといますね。

井上：学生は車を持っていない前提で考えないといけないですね。

黒田：地域の方に「車を貸してやるから乗れば」と言われたこともあって、「ペーパードライバーなので怖くて乗れません」と言いました。

吉田：買い物などに行くときに、私たちが行きたいタイミングでお願いするのはすごく申し訳なくて、頼みにくかったのですが、「私が外出するときでよければ一緒に乗っていけば」と言ってくれた方がいて、そういうふうにしてもらえると、相手も負担ではないと分かるし、ありがたかったです。

井上：頼むのも勇気がいりますよね。

杉田：あと、僕は北海道出身なので、西日本の、特に中山間地域の方言を理解するのが難しかったです。鳥取県東部と西部で少し方言が違ったりもします。何とか頑張って「うんうん」と返していたら、セールスの話をしていて、しばらく分からず、あとで笑ってしまったという経験もあります。

三徳レンジャーによる収穫祭の様子
(鳥取県三朝町片柴集落)

吉田：あと、地域で同じ苗字の人が多く、どこの誰さんなのか分からなかったのも大変でした。最初に屋号が書いてある地図をいただいて、誰さんが何歳ぐらいの人というような情報を全部書いていました。

井上：下の名前を早い段階で知れると覚えやすいですね。

地域の方にやってもらってうれしかったことはありますか？

吉田：滞在先の電気が止まってしまったときに、「暑いから、クーラーがある部屋にいて。見てくるから。」と対応してくれたこととか、お風呂に虫が出てどうしても入りたくなかったときにお風呂を貸してくれたりとか、暮らしの心配をしてくれたことがありがたかったです。それから、私たちはインターンシップの参加者として３人で初めて会って暮らしていたので、集落の方が「３人はうまくいってる？」、「初めて会うんでしょう。大丈夫？」というように、気に掛けてくれたのはありがたかったです。

黒田：私は隣に住んでいるおじいちゃんに、いきなり「山へ行くぞ」と言って連れ出されて、20kgの水と肥料を背負って山に登ったりと、「えっ」という感じのことをされるのが、お客さん扱いされていなくて、学生としてというより１人の人としてみられているみたいで、うれしかったです。

井上：確かに、地域って、予想外のことが起きたほうが面白いですね。

杉田：僕は単純に「杉ちゃん」と愛称で呼んでくれたり、柿を収穫するイベントをやったときに、明らかに渋柿なのに「杉ちゃん、この柿はすごく甘いぞ」と持って来てくださって、僕をいじってくれたりしたのが、すごくうれしかったです。今ありがたいのは、社会人になっても、学生のころにお世話になった方々とつながりを持てていることです。今でも、地域の方々にバーベキューに誘っていただいて、「学生のころのつながりが今も続いているのはすごくありがたい」ということを言われました。それはこちらとしてもうれしいことでした。

井上：気持ちを言葉にしてもらうのは大事ですね。

黒田：名前の呼び方が変わるのは私もうれしいと思いました。最初は大体苗字で何とかさんだったのが、私の場合だと「美穂ちゃん」になって、さらにいくと「黒ちゃん」とか、あだ名になっていくのです。自分からこう呼んでくださいと言っていないのにそう呼んでもらえると、すごくうれしいです。

「もう一度行きたい」と思う地域はどんな地域ですか？

吉田：「この人に会いたい」、「この人がいるところにいたい」というように、人と人との関係がつくれたところにはまた行きたいと思います。集落と大学生とかではなく、私と誰々さんというような関係ができたところが行きたいところかなと思います。

杉田：全く同感です。

黒田：私もやはり人は大事だと思います。これまでの経験のなかで、人との関わりが多かったところだと、あの人に会いたいという気持ちも多くなるので、実際にまた行っていることが多いです。

杉田：その地域の人に会っていろいろお話をする、そのときにインパクトがあると、また会いに行きたいなと思います。僕の場合ですと、ゆくゆくはそこに永住したいなということにつながってきました。

吉田：集落の方が「別に移住してほしいということを強要しているわけではないんだよ」と言ってくれたこともありました。自分自身の進路もどうなるか分からない状況で、ゆるい関わり方を肯定してくれているので、また行くことができているのかなと思います。

黒田：それから、場所も結構大きいかなと思いました。例えばお店とかあの人の家とか、ここに行けば絶対誰かに会えるというような場所があると行きやすいです。そういうのがないと、行って会えなかったら残念という気もします。

地域の篠笛名人とともに演奏する様子
（新潟県関川村小見集落）

井上：その場所に行けば会えるっていいですね。

吉田：行く前に誰に連絡すればいいか迷うときがあるので、まずこの人に連絡したらよいというのがわかるといいなと思います。最初に行ったときは総代さん、営農関係で行くときは○○さんに。今はその地域に入っている地域おこし協力隊の方にも連絡できるようになり、また一つ窓口ができました。

小林：窓口が複数あるというのも大切かもしれませんが、逆に誰から連絡したらいいのか迷うこともありますね。

地域の人たちはみなさんにとってどんな存在ですか？

杉田：ちょっと歳の離れたお父さんお母さんといった感じです。やはり親しくなるにつれて壁がどんどんなくなっていって、他愛もないことで笑いあえる関係です。その地域は第２のふるさとのような感じ。

吉田：私も第２のふるさとに近いものを感じています。私はもともと、自分のふるさとはどこだろうというのをずっと思っていたので、「どこに行っても帰る場所」というのができたな、と思っています。実際に地域の方たちは「涼香ちゃんが帰ってくるんだって」と、私を帰ってくるものとして扱ってくれています。

黒田：私は家族より家族らしいというか、家族より変な気を使わないという意味で、何か楽だというのがありました。また、お世話になった地域の人たちがイベントなど何か新しいことをやっているのを見ると、自分も頑張ろうという気持ちになります。頑張る活力のような感じです。

小林：すごく共感します。

井上：頑張る活力っていいですね。

若者を地域で受け入れることを考えているみなさんへ

吉田：これまで地域の方がこういうことをしてくれた、いい経験になったということを話してきましたが、実際に受け入れをしてくれた地域の人はそれほど気負っていなくて、自然体でやってきた結果、いい活動になっていると思います。いい意味で気を抜いて、自分にできることの範囲を超えるようなことをしなくてもうまくいくと思います。大学生を受け入れるというよりは、人と人との関係だと思って楽しんでもらいたいです。

小林：どちらかに無理がくると、多分、関係が続かなくなりますね。

黒田：実際に続かなかったことがあります。

最終日の出発前の様子。見送りに来て下さった方とゆっくり話すことができました。
（新潟県柏崎市矢田集落）

学生が来るからわざわざ準備をしておいてあげているというのが地域の負担になって、地域の方と学生の溝が広がってしまったことも経験しました。地域に入る学生は自分たちがやりたいから行っているわけであって、雑に扱ってくれても大丈夫という気はします。

井上：そもそも行きたいという学生たちが地域に行っているわけですからね。

杉田：僕も、どちらかが無理をしているとどこかでひずみが出て続かないというのは同感です。本当に自然体で受け入れてくださっているところが、今でも続いていると感じています。あと、僕は今、社会人になって、一地域の住民として過ごしていて、今もこうやって学生が来ているのですが、あいさつやお礼ができていなかったりと、学生の残念な一面を見ることもあります。そういったときは学生に対して、「こういうことはしっかりしたほうがいい」など、アドバイスを言ってもらったほうが、学生にとっても勉強になるし、お互い気が楽になって、うまくやっていけるのではないかと思います。

小林：確かに、お互いの気持ちを隠さずに表に出すというのも大事ですね。

座談会を終えて

農山村ボランティア、インターンシップ、調査、授業と地域へ入る形はそれぞれ違っていても、彼らが一人一人との関係を大切にし、地域のみなさんとのつながりに価値を置いていること、仲介者の存在や生活環境の整備、お客さん扱いしないことが彼らの不安を和らげたり、喜びにつながることなど、本質的なところは共通しています。受け入れた地域の人たち、学生として入った人たちはそれぞれ何気なく一緒に時間を過ごしているのかもしれませんが、こうやって言葉にすると、お互いの一つ一つの動きや言葉が意味あるものなのだと感じられます。全ての活動がスムーズにいくわけではなく、関係を続けるために、時にはお互いの状況を確認しながら活動内容の軌道修正や変更を行うことも大切だということもあります。

また、必ずしも地域づくりのことを勉強している学生だけが地域での活動に関心があるわけではなく、大学では違うことを勉強しているけど、田舎暮らしに興味があるという人もいることがわかります。

彼らにとって出会った地域の人が今は家族のような存在になれていると考えると、学生を地域で受け入れている時間はまさに関係づくりの時間になるのだろうと思います。お互い包み隠さず、ありのままでいることが末永く続く関係づくりのポイントになるということでしょうか。

（文責：小林悠歩）

11章 「若者力」をいかす農山村へ
―新聞記者が伝えるハンドブックの活用法―

若者たちが農山村を志向する田園回帰が広がっています。大学生やボランティア、都市住民ら多様な人々が農山村に関心を高めています。このハンドブックは、1章から10章までに、どうすれば若者をスムーズに受け入れることができるのかについてノウハウやポイント、コツを現場に根差した視点から明らかにしました。田園回帰が広がるなかで、各地域にとっても、農山村に向かう若者たちにとっても多くのヒントがつまっている一冊といえます。

現在（2021年冬）、新型コロナウィルスの終息の見通しが立てられない状況が続いています。人と人との接触の制限を余儀なくされるなかで、これまで行き来していた都市と農山村の交流が難しくなってきています。同じ県であっても大学生やボランティアなど外部人材の受け入れができなくなったり、祭りや冠婚葬祭の中止や規模縮小など、苦渋の選択をした地域が全国に多くあります。

ハンドブックは、若者ら外部からの人の呼び込みや受け入れが即座にはできない厳しい状況のなかでも、離れていても支え合う関係を築く地域づくりの実践に大いに役立つでしょう。この章では、ハンドブックの私なりの解説や、私自身が取材し見てきた農山村に向かう「若者力」を育む農山村の姿について紹介していきたいと思います。

(1) 若者力とは

まず、この章のテーマである若者力について説明します。私が記者をしている日本農業新聞では、2018年3月まで1年間、「若者力キャンペーン」を展開してきました。田園回帰の潮流が続くなかで、若者を受け入れ育てる農山村の力、そして農山村を元気にする若者の力を徹底的に前向きに、明るく描いたルポを長期連載しました。若者発で地域にミラクルを起こしたビジネスや、若者が移住してきたり農業リーダーになったりしたことでにぎわいが生まれた離島や山間地域、世界や世代などの垣根を越えてつながり合う若者の発想など、テーマごとに現場の取材を重ねました。この取材を通してみえてきたことと、このハンドブックの各章で伝えていることは根底でつながっているというのが、私の実感です。

ハンドブックには「若者はスーパーマンではない」、「特効薬はない」といったことが随所にちりばめられています。取材したすべての地域、例えば若者発で地域に新たな加工品を生み出した山奥の集落や、若者が集まることでにぎわいが生まれた離島も、若者たちが救世主のように現れて地域を動かしたわけではありませんでした。地域が話し合いを重ねて若者を受け入れ、試行錯誤を繰り返しながら、少しずつ地域を前に進めていました。また、各地域ではそのプロセスも大切にしていました。ハンドブックの各章でそうした若者を受け入れるための基本や、コツ、秘訣、心構えなどが多く書かれています。

若者が魅力を感じる地域、若者が居場所を見出す地域に共通するのは、大型のショッピングモールなどがある利便性や、引っ越し代、住居を手厚く支援する補助金の充実は関係ないともいえるでしょう。2020年5月に内閣府が公表した調査では、東京圏在住の20歳から59歳の49.8%が地方圏での暮らしに関心がありました。地方での暮らしを検討する理由には「豊かな自然環境があるため」が最も多い55%で、「生まれ育った地域で暮らしたい」が16%、「東京圏での暮らしが自分に合っていないと感じたため」が11%、「子育てする環境が整っていると感じたため」が9%で、多様な理由があげられました。多くの理由は都市にはない魅力です。

若者力キャンペーンで取材した若者たちに移住したきっかけや理由を聞いても「道路の補修も農業も伝統料理も全部自分で何とかするカッコイイ大人がいて、自分もそうなりたかった」、「朝晩遅くまでパソコンに向かって仕事して、満員電車に乗る都会生活に疲れた。自然に囲まれ、人間らしい暮らしがしたかった。」、「地域の人が温かく、優しく受け止めてくれた。持続可能で顔が見える地域社会のつながりが心地よい。」など、移住した理由や地域への思いは人それぞれでも、都会では得難い理由といえるでしょう。こうした若者をひきつける地域になるためにいえることは、行政が移住者のために補助金を投資して施設をつくることではなく、まずは前向きに地域の存続や活性に向けて実践を積み重ねる住民の姿が問われているのだということです。従来地域にはなかった発想やつながる力を持っていたり、無鉄砲でも行動力を持っていたりする若者力をいかす農山村になるためには、多様な思いや背景、意気込みを持った人をどう受け入れ、地域づくりを進めていくかということになります。ハンドブックでは各章がそれぞれのことを書いていながら、どれも共通項がありつながっています。どれも地域の活性に向けて具体的な秘訣が満載だといえます。

(2) 各章の魅力

ハンドブックは研究者、現場で奮闘する地域住民のリーダー、ボランティア・インターン生と農山村をつなぐ仲介者、元地域おこし協力隊、移住相談を担うNPO職員、そして新聞記者と、多様な立場の人それぞれが、農山村で外部人材、若者をどう受け入れるのかのヒントや実際を地域に根差して書いています。この多彩な書き手はハンドブックの大きな特徴です。目線の異なる立場でヒントと実際を書いていることから、誰が読んでも役に立つ一冊になっていると思います。特にこれから若者を受け入れる地域住民の人たちの不安をちょっと和らげることにつながるでしょう。

地域でよそ者を受け入れる、若者を受け入れるというと、何をしていいのか、何からすることが求められるのか、その正解はありません。多くの人を受け入れ、定住してほしい、地域ににぎわいを生みたいというのが多くの農山村の願いだろうと思いますが、その特効薬はありません。適切な対応は地域の実情や関わる若者によってそれぞれ異なり、時間がかかるものです。しかし、それでも、共通しているヒントやポイントなどがあります。ここからは、ハンドブックからみえてくる各章で特筆する鍵を読み解いていきたいと思います。

なかでも、外部人材と関わる意義について解説した1章、農山村のボランティアの特徴を説明しノウハウからヒントまで実態に即して説明する3章、地域に入るインターンシップの分類や効果を可視化した4章、大学生を受け入れてきた地域住民と送り出した研究者の共著で授業の実際をまとめた6章、気軽にはじめの一歩を踏み出せる問診票から同意書を記した7章に注目してみたいと思います。

1章では、地域に関わるさまざまな外部人材をタイプ別に整理しました。また、農山村に多様な形で関わる応援団、「関係人口」を細分化し、解説しています。取材していると、関係人口を増やす目的が移住者を増やすことになっている地域が多いのですが、ただ単に地域に関わる人数を増やせばよいのではないこと、入ってくる人と地域の人たちが必ずしもよい関係が築けるわけではないことなど、受け入れの現実、本質が1章に記されています。つまり、せっかく受け入れた1人の移住者が地域から離れてしまったからといって、それだけで地域が否定されてしまったことにはなりません。移住するかどうか、その数を増やすかどうかをゴールにせずに、若者と関わる重要性が分かりやすく書いてあります。

3章は、ボランティア受け入れの“実際”が書かれています。研究者の解説を冒頭に、実際にボランティアを鳥取県の中山間地域などに派遣してきた学生人材バンクの設立者が現実的な工夫や説明、流れを詳細にとても分かりやすくまとめています。あくまでも学生人材バンクの受け入れについてのポイントですが、ボランティアや移住する前の関係人口と交流する際にも大いに役立つ心構えが書いてあります。

4章は、現場のリアルな声をちりばめ、地域に入るインターンシップについて解説しています。地域に入るインターンシップを丁寧に説明したうえで、どう受け入れるのか、そしてその時々の肝心なことを数々のポイントごとにまとめています。準備期間から実践時期など抽象的ではなく、非常に具体的に記しているのは、新潟県で大学生や若者を地域とつないできたにいがたイナカレッジのメンバーが書いているからこそといえるでしょう。にいがたイナカレッジが誠実に大学生と地域を結ぶ役割を果たしてきたことがしっかりと読み取れ、地域づくりのヒントに共通します。

6章では、全国の大学で新たに、農山村で活動するカリキュラムや授業が組まれた学部が続々と誕生していることを踏まえ、授業の実際を説明しています。大学生がゼミなどの授業で地域とつながることは増えていますが、農山村は“なんとなく”受け入れていることもあるのではないでしょうか。6章では研究者と、受け入れる地域の住民リーダーが執筆し、大学生を受け入れる経緯や意義を細かく説明してくれています。教育的効果、地域への効果だけでなく、受け入れた地域の当事者自らが流れや風呂がないという課題までを詳細に書いている点が見所です。また、地域の女性たちに衣食住の負担を掛けていたことなどを反省して、関わりを広げる工夫をしてきたことなども記されています。

7章は、問診票からはじまり、効能、使用上の注意、同意書などで外部人材の受け入れを実にユーモアに、そしてわかりやすく見せています。自らの地域を“見える化”“図解化”できるもので、関わる人みんなで話し合いながら書き進めることができます。これは移住者や関係人口に関わる人だけでなく、すべての地域で取り組める“処方箋”になるでしょう。自分たちの地域がどういう状況にあり、どんな思いで受け入れる必要があるのか、みんなが共通の理解をしているわけではありません。この章はぜひ地域の人がみんなで確認してほしいです。この問診票がはじめの一歩となり、地域で話し合いが活発になったり、地域にこれまで意外と気付かなかった気づきがうまれたりすることと思います。

(3) ハンドブック共通の魅力

説明したハンドブックの各章に共通していえることは、例えば4章はインターンシップを受け入れている地域だけ、6章は授業で入る大学生を受け入れる地域だけが参考になるというわけではなく、すべての地域づくりのヒントになるポイントがそれぞれ記されていることです。そしてそれらは、地域おこし協力隊や若い移住者、関係人口と受け入れる地域をこれまで取材してきたなかで私（日本農業新聞記者）が実感することでもあります。そして何より、現場にさまざまな立場で長年関わってきた執筆者が、机上の空論ではなく、課題や苦労も踏まえて導き出されたヒントなだけに説得力があります。日常の実践を重ねた教訓からの具体的な論といえます。

例えば、3章には日にちをまたぐボランティアの場合、「お風呂を地域内で借りるのか、温泉施設で入るのか。食事は自炊なのか、一緒に食べるのか。すべてもてなす必要はないですが、選択肢は一緒に考えましょう。」と明記しています。6章の授業編では地域側の学生がお風呂に入れる場所が地区内には家庭しかないという現状や、料理をつくる女性の負担を考慮して仕出しにするようにしたといった工夫を記しています。地区外の若者が入る風呂という一つの問題に対し、そのノウハウやどう対策することが正解なのかを書いているわけではなく、二つの章からは共通して地域と学生側がともに課題を共有し、誰かにしわ寄せがいかないように配慮する工夫をしていくことの重要性が読み取れます。「入る側、受け入れ側のどちらか一方が無理をしたり、がんばりすぎると関係が長続きしません」（1章）、「地域のみなさんが関われる範囲で関わっていただく」、「決してお客さんを“おもてなし”するのではなく、“期間限定で住民が増えた”くらいの心構えで接していただくのがよいでしょう」（4章）などの“肝”が書いてあります。長く受け入れてきたからこそみえてきた言葉でもあるでしょう。

また、外部人材を受け入れる成果についても、共通項が多くあることに気づきます。

ただ、ハンドブックに書いてあるすべてを地域が肝に銘じ、実践しなければ若者を受け入れてはいけないということではありません。あくまでも、スムーズに受け入れるための現場から生まれた知恵や工夫、助言が記されていて、地域の中で話し合うこと、若者と地域がお互いに歩み寄ることを心掛けていくことが著者たちのもっとも言いたいことになるのではないでしょうか。この注意書きをすべて実践できる地域はおそらくないでしょうし、全部忠実に実践しようとすれば地域は疲弊してしまいます。冒頭に述べられている通り、“参考書”のような気持ちで、ハンドブックを読んでいただくことが大切だと思います。できることから実践してみてください。

(4) 取材記者からのメッセージ

若者を受け入れることは、地域力を磨くことにもなります。その地域にないアイディアや発想を持つよそ者とともに考え、交流を積み重ねることが新たな地域の活力になると思います。ただ、1人の若者を受け入れられなかったから、定住しなかったからといって、その地域が否定されたわけではありません。いざこざはどこの組織にいてもどこに住んでいても大なり小なりあります。今まで地域にいなかった人を受け入れる際は、どうしてもそのいざこざが生じがちです。しかし、楽しさや発見などそれ以上に大きな効果が生まれることも多くあります。地域に子どもの声、若者の声が響くことは何事にも変えられません。

取材していても「地域のお年寄りが、子どもが増えたことで元気になった」、「祭りを復活することができた」などの喜び、歓迎の声を多く聞きます。

若者を受け入れることだけでなく、地域

にとって大切なのは、地域で役割分担や情報共有、話し合いをしながら、自らがどう地域をつくっていくかを前向きに考えて実行していくことです。その先に、若者を受け入れるという結果がついてくるのだと思います。若者に迎合したり、無理したりすることを推奨しているのではなく、地域が誇りを持ち、少しでも前に進めようという力のある農山村でこそ若者力が発揮されるということです。

新型コロナウィルスの感染拡大が続くなかで、移住者の受け入れ、関係人口の拡大などが難しい場面も多くあります。しかしそんななかでも、例えば、帰省できない学生にふるさとの農畜産物を送ったり、オンラインで移住相談を展開したりと、心の交流を続ける地域が多くあります。一方で、「この集落で最初の感染者になりたくない」、「今、都会から子どもが帰省すれば後ろ指をさされる」、「コロナに感染し、村八分になりたくない」などの声も多く聞きました。SNSでは感染者を特定する動きや汚い言葉が飛び交い、自粛警察、マスク警察、帰省警察といった言葉も生まれました。感染症そのものではなく、人の心、言動を恐れるあまり、同調圧力が社会に蔓延しているように思えます。コロナ禍の今、農山村発の温かい取り組みを広げることは、社会全体にとって大きな意味を持つメッセージになります。そうした包容力のある農山村に若者が魅力を感じ、その力をいかすことができるのではないでしょうか。

（尾原浩子）

「若者力」をよりくわしく知るために

日本農業新聞のキャンペーン「若者力」の連載は、筑波書房から出版されています。若者と農山村の息吹や潮流を明るく前向きに報道した記事を凝縮したほか、「若者先進国」として知られるスウェーデンの密着ルポなどたくさんの見所があります。女優、有村架純さんや、哲学者の内田樹さん、『ソトコト』の編集長の指出一正さんらのインタビューなどがもりだくさんです。8部構成になっています。ぜひ、このハンドブックと「若者力」の本も併読していただき、共通点を見出してみてください。

【書籍の情報】
『若者力』 著者：日本農業新聞取材班編
定価（本体2,000円＋税）
発行日：2019年5月
筑波書房 四六判／232頁

おわりに

「過疎」、「人口減少」、「高齢化」、そして2020年は「コロナ禍」と暗い言葉が社会を取り巻き、これからの時代を生きる一人としてこれらの言葉だけを聞くと、不安をあおられます。しかしながら、農山村の現場では、若者と地域住民のあたたかな物語が今も一つ一つつくられており、編者の私たちもまたその物語の中の登場人物でもあります。

小林は学生時代には、熊本県小国町での地域づくりインターン、長野県飯山市の集落での調査、福井県越前町や鳥取県日南町での授業などで地域の方々にお世話になりました。また学生を終えた後は京都府京都市の京北（旧京北町地域）で地域おこし協力隊として地域の方々と地域活動をともにし、大学生や移住者などを受け入れる立場も経験しました。協力隊時代は、鳥取大学地域学部地域連携研究員も兼務し、農山村で学生を受け入れるためのノウハウを本書の執筆者や受け入れ経験のある地域の方々に聞き取りをさせていただきました。

1990年代に大学生を経験して大学院に進学をした筒井は、鳥取県日南町での卒業研究をきっかけに悶々とした「悩み」を抱えていました。それは日南町に対してではなく、曲がりなりにも研究をはじめた自分自身の立ち位置への悩みでした。農山村で、研究のために情報を得ることは「知の搾取である」と言われたことがきっかけでしたが、2000年に出会った地域づくりインターンの「若者の地方体験」という目的はとても魅力的でした。受け入れをしていただいた愛知県豊根村とはその後もご縁が続き、豊根村役場にも在籍させていただき、当時ではめずらしい「移住おためし住宅」を活用した移住者支援に加えて、地域づくりインターンの受け入れ担当もさせていただきました。このきっかけをつくってくださった宮口侗廸先生（早稲田大学名誉教授）と黍嶋久好さん（元豊根村役場職員）には感謝しかありません。その後、2004年に鳥取大学に赴任をしますが、中川玄洋さん率いる学生人材バンクによる農山村ボランティアが本格化していく様を傍から「観察」させていただきながら、「むらおこし論」という授業を私の「悩み」の原点である日南町で展開しはじめました。

本書の執筆にあたり、助言や写真掲載の許可をいただくために、これまでお世話になった地域の方々に連絡をすると、「本楽しみにしているよ」、「がんばってね」、「参考になりそうな本があるから送ってやるよ」などあたたかな言葉をかけていただきました。また、コロナ禍で直接会えない状態でもあり、お互いの近況や地域の状況などほかの話でも盛り上がり、長電話をしてしまいました。本書の執筆過程は、自分自身と地域の方々とのつながりを再認識し、また関係を今後につなげていく時間でもありました。

これまで、若者と地域住民のあたたかな関係を感じ、体験してきた一方で、残念な姿を見たこともありました。自分本位で地域外からやって来る人たちはどんなことをしても地域住民の心には届きません。また、せっかく地域の力になろうとしている若者に地域住民が無関心であるのも寂しいことです。本書は若者を受け入れる地域住民のみなさんに向けたものではありますが、地域に入る側の若者も地域に歩み寄る努力が必要ということにも言及しています。両者がよい関係を築くにはお互いに関心を持ち、尊敬し、心を通わせることが最も大切だと思います。

執筆にあたり、本書に登場する各地域のみなさま、そしてインタビューなどにご協力いただきました長野県飯山市西大滝のみなさまなど、多くの方々にお世話になりました。本書は全国で若い学生の受け入れをしてくださっている方々の知見をできる限り集めて取りまとめたものであり、学生と農山村のよりよい関係をめざして日々活動をされている、すべてのみなさんに感謝をいたします。

なお本書を取りまとめるにあたっては、2016年度からの科学研究費補助金（基盤研究B）「田園回帰による農山村空間の変容実態に基づく日本型ネオ内発的発展モデルの構築（代表：筒井一伸/16H03523）」、2019年度からの科学研究費補助金（国際共同研究加速基金（国際共同研究強化(A)））「過疎発現下のモンスーンアジア農村におけるネオ内発的発展の可能性（代表：筒井一伸/18KK0344）」および2016年度からの鳥取大学地域価値創造研究教育推進プログラム「山陰の地域課題研究を通じた人口希薄化社会の新たな価値発見・創造のための教育研究プログラム」を活用しました。

また本書の基盤となっている研究成果の一部である、小林悠歩・筒井一伸（2021）:「関係人口受け入れの地域側要素の検討―経験知からの抽出と受け入れ実態調査から―」農村計画学会誌第39巻第4号も参考にしてください。

小林悠歩・筒井一伸

執筆者紹介

青戸　晶彦（あおと　あきひこ）
鳥取県日南町大宮まちづくり協議会総務学習部長
1954 年生まれ。駒澤大学文学部地理学科卒業。大学卒業後、公立小学校の教員となる。2003 年から校長として地元の鳥取県日南町内の小学校に勤務。定年退職後、日南町教育委員会町史編纂事務局に勤務し、執筆に携わる。2010 年から大宮まちづくり協議会の役員となる。現在印賀自治会副会長も兼務。
◎執筆担当箇所：6 章 2

井上　有紀（いのうえ　ゆき）
中越防災安全推進機構にいがたイナカレッジコーディネーター
1993 年生まれ。明治大学農学部食料環境政策学科卒業。2015 年に休学して新潟市内野町で米屋や本屋を手伝ったことをきっかけに新潟への移住を決め、2017 年より長岡市に拠点を構える中越防災安全推進機構の「にいがたイナカレッジ」のコーディネーターを務める。
◎執筆担当箇所：4 章 2（1）、8 章、9 章

尾原　浩子（おばら　ひろこ）
日本農業新聞北海道支所次長
1981 年生まれ。埼玉大学教養学部卒業。新聞記者として、過疎地域、農山村再生や被災地などを取材してきた。日本農業新聞 90 周年キャンペーン「若者力」で 2018 年の農業ジャーナリスト賞、本書編者の筒井一伸との共著『移住者による継業』（筑波書房、2018 年）で 2019 年の農業ジャーナリスト賞を受賞。
◎執筆担当箇所：11 章

嵩　和雄（かさみ　かずお）
NPO 法人ふるさと回帰支援センター副事務局長
1972 年生まれ。東洋大学大学院工学研究科博士後期課程単位取得退学。修士（工学）。現在は副事務局長として移住者支援の全体コーディネートを行う。2001 年より熊本県小国町に移住し、都市農村交流事業に携わる。専門は都市農村交流、地方移住、地域活性化など。主な著書に『イナカをツクル』（コモンズ、2018 年）がある。
◎執筆担当箇所：4 章 2（2）

金子　知也（かねこ　ともや）
中越防災安全推進機構にいがたイナカレッジマネージャー
1977年生まれ。日本大学農獣医学部林学科卒業後、社会人を経て、「緑のふるさと協力隊」に参加し岐阜県で1年間活動。その後6次産業化などの地域づくりコンサルタント会社の設立を経て、2012年に新潟県長岡市にＩターンし、中越防災安全推進機構の「にいがたイナカレッジ」を立ち上げ、農村インターンシップをはじめ、都市部の若者と農村地域をつなげるさまざまなプログラムを実践。
◎執筆担当箇所：4章1

（編者）**小林　悠歩**（こばやし　ゆきほ）
鳥取大学地域学部プロジェクト研究員
1993年生まれ。鳥取大学大学院地域学研究科修了。修士（地域学）。学生時代は福井県越前町や長野県飯山市の農山村での調査やフィールドワークのほかに熊本県小国町などで地域づくりインターンに参加。2017年度から2019年度まで京都府京都市の京北地域で地域おこし協力隊を務め、鳥取大学地域学部地域連携研究員も兼務。
◎執筆担当箇所：1章、2章、5章2、5章3、7章、8章、9章

（編者）**筒井　一伸**（つつい　かずのぶ）
鳥取大学地域学部教授
1974年生まれ。大阪市立大学大学院文学研究科地理学専攻修了。博士（文学）。愛知県豊根村地域間交流支援専門研究員などを経て鳥取大学地域学部に着任をして「農村地域論」や「むらおこし論」の授業を担当。農山村と都市の地域間関係のあり方を研究。著書に『若者と地域をつくる』（原書房、2010年、共編著）、『田園回帰の過去･現在･未来』（農文協、2016年、共編）、『雪かきで地域が育つ』（コモンズ、2018年、共編著）など。
◎執筆担当箇所：3章1、5章1、6章1、7章

中川　玄洋（なかがわ　げんよう）
NPO法人学生人材バンク代表理事
1979年生まれ。鳥取大学大学院農学研究科修了。修士（農学）。内閣府地域活性化伝道師。大学在学中に学生人材バンクを立ち上げ､「地域×大学生」のコーディネートを実践。農山村ボランティアの派遣を中心とした「農村16きっぷ」プロジェクトは「オーライ！ニッポン大賞」や「全国農山漁村大学生アワード農林水産大臣賞」を受賞。
◎執筆担当箇所：3章2

カバーデザイン・本文レイアウトデザイン・イラスト
松永えりか

若者を地域の仲間に！ 秘訣をつかむハンドブック

2021年3月31日　第1版第1刷発行

編著者　筒井 一伸・小林 悠歩
発行者　鶴見治彦
発行所　筑波書房
東京都新宿区神楽坂2－19 銀鈴会館
〒162－0825
電話03（3267）8599
郵便振替00150－3－39715
http://www.tsukuba-shobo.co.jp
定価はカバーに表示してあります

印刷／製本　中央精版印刷株式会社

ISBN978-4-8119-0592-1 C0036